零 基 礎 自 學 科 技 教 育

Python

黑科技　電話按鍵竊聽器
　　　　　雷射／風速傳訊器

CONTENTS

01

數學，無所不在

數學，是大多數人的噩夢，聽到數學兩個字，便開始恐懼。之所以如此，問題源自於數學本身應著重於「啟發」與「思考」，而我們的教育卻是以艱澀的計算與理論去學習數學，使得學生用死背的方式學數學，反而失去了學習數學的初衷。因此本套件將從有趣的數學應用降低學習的門檻，以生活中常見的「電話按鍵聲」及有趣的「秘密傳訊器」帶您進入神奇的數學世界。

1-1 什麼？原來它們是數學！

經常聽到有人這麼說：「我只要會加減乘除也可以活得好好的阿！」，的確，你雖然不需要會算數學，但是你卻不得不使用數學的產物。

接著，我們將從下圖這位平凡女士的通勤日常認識數學，您會發現，原來習以為常的一切其實都離不開數學。

她是個在擁擠城市裡的平凡上班族，今天早晨一如往常地被鬧鐘聲敲醒，半夢半醒地拖著身子梳洗，此時手機通知十分鐘後公車即將到站，於是她匆忙準備，狂奔趕車。這班公車裡，有正在細說綿綿情話的高中情侶、與教授討論論文的研究生、哄著哭鬧嬰兒的媽媽，而她只是一位睡眼惺忪的上班族，她戴上了降噪耳機聆聽著音樂，隔絕外界的喧囂，在通勤時間裡，享受著一個人短暫的歡愉。

看似平凡的早晨，數學究竟暗藏在哪裡呢？公車的「到站時間」、手機的「無線上網」、以及耳機的「降噪」功能，其實通通都是依靠數學才得以作用。人們之所以能夠享受科技帶來的方便，雖不全是數學的功勞，但不得不說數學確確實實地幫助了科技的進步。

接著將告訴您**數學做了什麼事**，以「降噪耳機」為例，只要戴上它便能神奇的隔絕外界吵雜，享受純淨的音質。它的原理絕不是拿著隔音海綿貼著耳機，而是主動接收並解析外界聲波，再製造出一個完全相反的聲波將其抵銷。

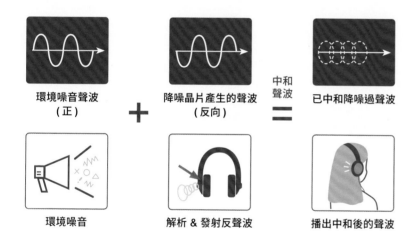

上述的數學原理，就是本套件核心技術**快速傅立葉轉換**。

1-2 揭開快速傅立葉轉換的神秘面紗

我們再次回頭看前一節的那位女士，並將手機的畫面放大來看，會發現她畫面中的圖並不陌生。

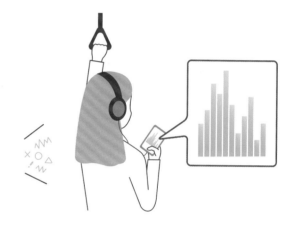

此圖稱作**聲音頻譜**，經常出現在播放音樂的場合，它隨著聲音上下擺盪（此處聲音即是音樂），猶如跳舞一般，將無形的聲音具象了起來。

聲音頻譜的用途我們可以想作「聲音成分分析」，如果把聲音比做奶茶，當您購買了一罐奶茶，瓶罐側邊可以清楚看見它的營養成分表，如：熱量 115 大卡、蛋白質 1g、脂肪 3g …等。頻譜就是聲音的營養成分表，表上寫著：這串聲音 0 ~ 50Hz 佔了 15%、50 ~ 100Hz 佔了 5% …等（Hz（赫茲）為頻率的單位，在此只需知道即可，在 3-1 節會再做介紹）。

奶茶的營養成分表，會由營養師來分析，而聲音的成分表則由**快速傅立葉轉換**（Fast Fourier Transform，簡稱 **FFT**（以下我們均稱 FFT ））進行分析，因此我們可以說 FFT 就是聲音的營養師。

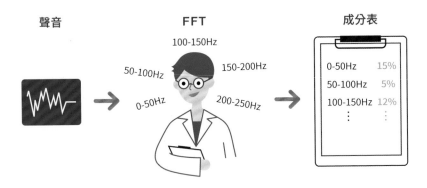

聲音　　　　　　FFT　　　　　　成分表

0-50Hz	15%
50-100Hz	5%
100-150Hz	12%

分析出頻譜後，就可以對聲音進行變化與應用，例如：KTV 中的升降調、把聲音變成唐老鴨…等。FFT 是應用領域極其廣泛的一種工具，不只能夠分析聲音，在光學、醫學、甚至數據分析領域都能夠看見它的身影，因此在數學領域堪稱是最偉大的發明之一。

在後續的章節，首先從製造聲波開始、再合成聲波並藉由 FFT 製作電話按鍵竊聽器，接著利用風扇快速運轉造成的聲音來製作風速傳訊器，最後則使用 FFT 分析光閃爍頻率製作雷射傳訊器。

02

Python 與開發板簡介

本套件會使用感測器收集外界資訊，並對其分析與應用，例如電話按鍵竊聽器就要使用麥克風模組接收及分析聲音，且需要容易攜帶才能方便使用，因此我們選擇一個簡單易用又能使用 Python 撰寫程式的小型開發板 - ESP32。

2-1　ESP32 開發板簡介

ESP32 是單晶片開發板，您可以將它想像成一部小電腦，可以執行程式所描述的運作流程，並且可藉由兩側的針腳控制外部電子元件，或是從外部電子元件獲取資訊。

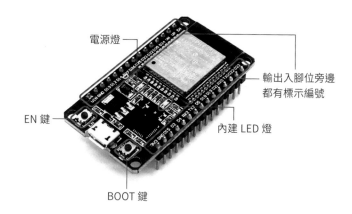

- 電源燈
- 輸出入腳位旁邊都有標示編號
- EN 鍵
- 內建 LED 燈
- BOOT 鍵

像是本套件中將麥克風模組連接到開發板針腳上，就可以偵測環境中的聲音，再分析出頻率，最後在電腦上顯示。

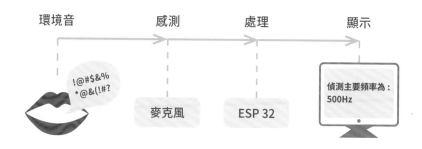

環境音　　　感測　　　處理　　　顯示

偵測主要頻率為：500Hz

麥克風　　　ESP 32

2-2 安裝 Python 開發環境

下載與安裝 Thonny

Thonny 是一個適合初學者的 Python 開發環境，請連線 https://thonny.org
下載這個軟體：

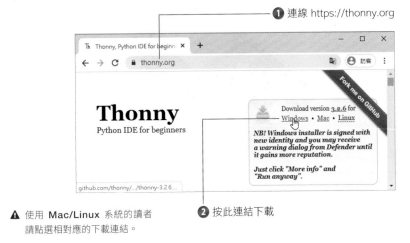

❶ 連線 https://thonny.org

❷ 按此連結下載

⚠ 使用 Mac/Linux 系統的讀者
請點選相對應的下載連結。

下載後請雙按執行該檔案，然後依照下面步驟即可完成安裝：

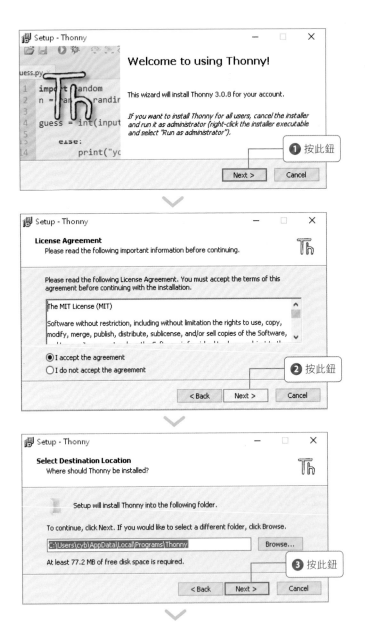

❶ 按此鈕

❷ 按此鈕

❸ 按此鈕

開始寫第一行程式

完成 Thonny 的安裝後，就可以開始寫程式啦！

請按 Windows 開始功能表中的 **Thonny** 項目或桌面上的捷徑，開啟 Thonny 開發環境：

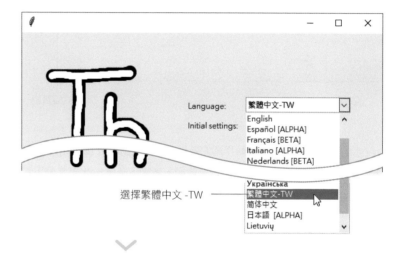

選擇繁體中文 -TW

按下 **Let's go**

互動程式執行區   程式編輯區

Thonny 的上方是我們撰寫編輯程式的區域,下方**互動環境 (Shell)** 窗格則是互動程式執行區,兩者的差別將於稍後說明。請如下在 **Shell** 窗格寫下我們的第一行程式:

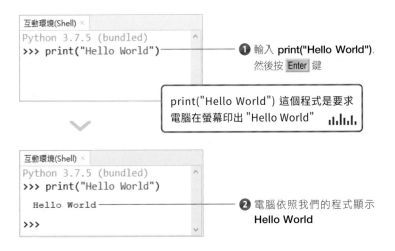

❶ 輸入 **print("Hello World")**,然後按 Enter 鍵

print("Hello World") 這個程式是要求電腦在螢幕印出 "Hello World"

❷ 電腦依照我們的程式顯示 **Hello World**

寫程式其實就像是寫劇本,寫劇本是用來要求演員如何表演,而寫程式則是用來控制電腦如何動作。

喂!電腦～唱一首歌!

我 ... 我 ... 我不知道怎麼唱

雖然說寫程式可以控制電腦,但是這個控制卻不像是人與人之間溝通那樣,只要簡單一個指令,對方就知道如何執行。您可以將電腦想像成一個動作超快,但是什麼都不懂的小朋友,當您想要電腦小朋友完成某件事情,例如唱一首歌,您需要告訴他這首歌每一個音是什麼、拍子多長才行。

所以寫程式的時候,我們需要將每一個步驟都寫下來,這樣電腦才能依照這個程式來完成您想要做的事情。

我們會在後面章節中,一步一步的教您如何寫好程式,做電腦的主人來控制電腦。

ᴵ Python 程式語言

前面提到寫程式就像是寫劇本，現實生活中可以用英文、中文 ... 等不同的語言來寫劇本，在電腦的世界裡寫程式也有不同的程式語言，每一種程式語言的語法與特性都不相同，各有其優缺點。

本套件採用的程式語言是 Python，它是由荷蘭程式設計師 Guido van Rossum 於 1989 年所創建，由於他是英國電視短劇 Monty Python's Flying Circus（蒙提 · 派森的飛行馬戲團）的愛好者，因此選中 **Python**（大蟒蛇）做為新語言的名稱，而在 Python 的官網（www.python.org）中也是以蟒蛇圖案做為標誌：

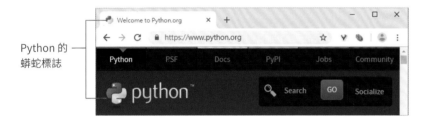

Python 的
蟒蛇標誌

Python 是一個易學易用而且功能強大的程式語言，其語法簡潔而且口語化（近似英文寫作的方式），因此非常容易撰寫及閱讀。更具體來說，就是 Python 通常可以用較少的程式碼來完成較多的工作，並且清楚易懂，相當適合初學者入門，所以本書將會帶領您使用 Python 來控制硬體。

ᴵ Thonny 開發環境基本操作

前面我們已經在 Thonny 開發環境中寫下第一行 Python 程式，本節將為您介紹 Thonny 開發環境的基本操作方式。

Thonny 上半部的程式編輯區是我們撰寫程式的地方：

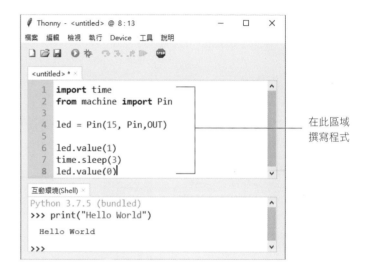

在此區域
撰寫程式

可以說，上半部程式編輯區類似稿紙，讓我們將想要電腦做的指令全部寫下來，寫完後交給電腦執行，一次做完所有指令。

而下半部 **Shell** 窗格則是一個交談的介面，我們寫下一行指令後，電腦就會立刻執行這個指令，類似老師下一個口令學生做一個動作一樣。

所以 **Shell** 窗格適用來作為程式測試，我們只要輸入一句程式，就可以立刻看到電腦執行結果是否正確。

⚠ 本書後面章節若看到程式前面有 >>>，便表示是在 **Shell** 窗格內執行與測試。

若您覺得 Thonny 開發環境的文字過小, 請如下修改相關設定:

❶ 執行選單的『**工具 / 選項…**』命令, 開啟設定視窗

❷ 切換到**主題和字型**頁面　　❸ 在此處選擇字型大小

❹ 按**確認**鈕儲存設定

如果覺得介面上的按鈕太小不好按, 可以在設定視窗如下修改:

❶ 切換到
一般頁面

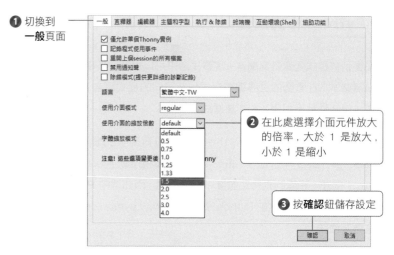

❷ 在此處選擇介面元件放大的倍率, 大於 1 是放大, 小於 1 是縮小

❸ 按**確認**鈕儲存設定

⚠ 此設定需要重新開始 Thonny 才會生效。

日後當您撰寫好程式, 請如下儲存:

按此鈕或按 Ctrl + S

若要打開之前儲存的程式或範例程式檔, 請如下開啟:

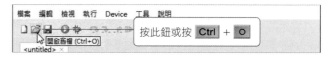

按此鈕或按 Ctrl + O

⚠ 本套件範例程式下載網址:http://www.flag.com.tw/download.asp?FM626A。

如果要讓電腦執行或停止程式, 請依照下面步驟:

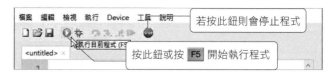

若按此鈕則會停止程式

按此鈕或按 F5 開始執行程式

2-3 Python 物件、資料型別、變數、匯入模組

物件

前面提到 Python 的語法簡潔且口語化，近似用英文寫作，一般我們寫句子的時候，會以主詞搭配動詞來成句。用 Python 寫程式的時候也是一樣，Python 程式是以『**物件**』(Object) 為主導，而物件會有『**方法**』(method)，這邊的物件就像是句子的主詞，方法類似動詞，請參見下面的比較表格：

寫作文章	寫 Python 程式	說明
車子	car	car 物件
車子向前進	car.go()	car 物件的 go 方法

物件的方法都是用點號 "." 來連接，您可以將 "." 想成『的』，所以 car.go() 便是 car 的 go() 方法。

方法的後面會加上括號 ()，有些方法可能會需要額外的資訊，假設車子向前進需要指定速度，此時速度會放在方法的括號內，例如 car.go(100)，這種額外資訊就稱為『**參數**』。若有多個參數，參數間以英文逗號 "," 來分隔。

請在 Thonny 的 Shell 窗格，輸入以下程式練習使用物件的方法：

使用字串物件 'abc' 的 upper() 方法，將字串轉成大寫

find() 方法尋找 'b' 出現的位置（從 0 起算）

⚠ 在大多數程式語言中都會從 0 開始計算一串資料的順序，此例中 'c' 的位置就是 **2**，以此類推。

replace() 方法將所有 'b' 取代為 'z'

⚠ 不同的物件會有不同的方法，本書稍後介紹各種物件時，會說明該物件可以使用的方法。

資料型別

上面我們使用了字串物件來練習方法，Python 中只要用成對的 " 或 ' 引號括起來的就會自動成為字串物件，例如 "abc"、'abc'。

除了字串物件以外，我們寫程式常用的還有整數與浮點數（小數）物件，例如 111 與 11.1。所以數字如果沒有用引號括起來，便會自動成為整數與浮點物件，若是有括起來，則是字串物件：

```
>>> 111 + 111        ← 整數相加
222

>>> '111' + '111'    ← 字串串接
'111111'
```

13

我們可以看到雖然都是 111，但是整數與字串物件用 + 號相加的動作會不一樣，這是因為其資料的種類不相同。這些資料的種類，在程式語言中我們稱之為『**資料型別**』(Data Type)。

寫程式的時候務必要分清楚資料型別，兩個資料若型別不同，可能會導致程式無法運作：

```
>>> 111 + '111'    ←不同型別的資料相加發生錯誤
Traceback (most recent call last):
  File "<pyshell>", line 1, in <module>
TypeError: unsupported operand type(s) for +: 'int' and 'str'
```

對於整數與浮點數物件，除了最常用的加 (+)、減 (-)、乘 (*)、除 (/) 之外，還有求除法的餘數 (%)、及次方 (**)：

```
>>> 5 % 2
1
>>> 5 ** 2
25
```

.ıll 變數

在 Python 中，變數就像是掛在物件上面的名牌，幫物件取名之後，即可方便我們識別物件，其語法為：

變數名稱 = 物件

例如：

```
>>> n1 = 123456789    ←將整數物件 123456789 取名為 n1
>>> n2 = 987654321    ←將整數物件 987654321 取名為 n2
>>> n1 + n2           ←n1 + n2 實際上便是 123456789 + 987654321
1111111110
```

變數命名時只用**英文**、**數字**及**底線**來命名，而且第一個字不能是數字。

⚠ 其實在 Python 語言中可以使用中文來命名變數，但會導致看不懂中文的人也看不懂程式碼，故約定成俗地不使用中文命名變數。

.ıll 內建函式

函式 (function) 是一段預先寫好的程式，可以方便重複使用，而程式語言裡面會預先將經常需要的功能以函式的形式先寫好，這些便稱為**內建函式**，您可以將其視為程式語言預先幫我們做好的常用功能。

前面第一章用到的 print() 就是內建函式，其用途就是將物件或是某段程式執行結果顯示到螢幕上：

```
>>> print('abc')    ←顯示物件
abc
```

```
>>> print('abc'.upper())    ←顯示物件方法的執行結果
ABC
```

```
>>> print(111 + 111)    ←顯示物件運算的結果
222
```

⚠ 在 **Shell** 窗格的交談介面中，單一指令的執行結果會自動顯示在螢幕上，但未來我們執行完整程式時就不會自動顯示執行結果了，這時候就需要 print() 來輸出結果。

▁▃▅ 匯入模組

既然內建函式是程式語言預先幫我們做好的功能,那豈不是越多越好?理論上內建函式越多,我們寫程式自然會越輕鬆,但實際上若內建函式無限制的增加後,就會造成程式語言越來越肥大,導致啟動速度越來越慢,執行時佔用的記憶體越來越多。

為了取其便利去其缺陷,Python 特別設計了**模組** (module) 的架構,將同一類的函式打包成模組,預設不會啟用這些模組,只有當需要的時候,再用**匯入 (import)** 的方式來啟用。

模組匯入的語法有兩種,請參考以下範例練習:

```
>>> import time      ← 匯入時間相關的 time 模組
>>> time.sleep(3)    ← 執行 time 模組的 sleep() 函式, 暫停 3 秒

>>> from time import sleep   ← 從 time 模組裡面匯入 sleep() 函式
>>> sleep(5)                 ← 執行 sleep() 函式, 暫停 5 秒
```

上述兩種匯入方式會造成執行 sleep() 函式的書寫方式不同,請您注意其中的差異。

2-4 安裝與設定 ESP32 控制板

剛剛我們練習寫的 Python 程式都是在個人電腦上面執行,因為個人電腦缺少對外連接的腳位,無法用來控制創客常用的電子元件,所以我們將改用 ESP32 這個小電腦來執行 Python 程式。

▁▃▅ 下載與安裝驅動程式

為了讓 Thonny 可以連線 ESP32, 以便上傳並執行我們寫的 Python 程式,請先連線 https://reurl.cc/oL9X5V, 下載 ESP32 的驅動程式:

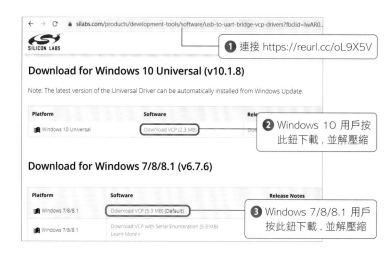

⚠ 若您使用 Windows XP、MAC 或是 Linux 系統的話,請依照您的系統往下尋找載點

檔案解壓縮後,依照下面步驟即可完成安裝:

❷ 請選**是**
允許安裝

❸ 點選**下一步**

❹ 點選**完成**

⚠ 若無法安裝成功，
請參考下一頁，
先將 ESP32 開發
板插上 USB 線連
接電腦，然後再
重新安裝一次。

ᴵᴵᴵᴵ 連接 ESP32

由於在開發 ESP32 程式之前， 要將 ESP32 開發板插上 USB 連接線， 所
以請先將 USB 連接線接上 ESP32 的 USB 孔， USB 線另一端接上電腦：

接著在電腦左下角的開始圖示 ⊞ 上按右鈕執行『**裝置管理員**』命令
(Windows 10 系統)，或執行『**開始 / 控制台 / 系統及安全性 / 系統 / 裝置
管理員**』命令 (Windows 7 系統)，來開啟裝置管理員，尋找 ESP32 板使用
的序列埠：

請注意 ， 使用不同
的電腦，或是連接到
不同的 ESP32 控制
板，其序列埠編號都
可能不同 ᴵᴵᴵᴵ

❶ 尋找並記下 ESP32
控制板使用的序列埠
編號 (顯示的名稱是
Silicon Labs CP210x
USB to UART Bridge,
COM5 表示序列埠編
號為 5)

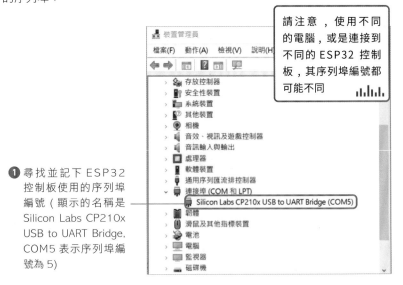

找到 ESP32 使用的序列埠後，請如下設定 Thonny 連線 ESP32：

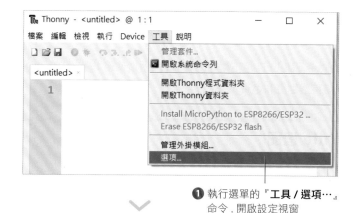

❶ 執行選單的『**工具 / 選項…**』命令，開啟設定視窗

❷ 切換到**直釋器**頁面

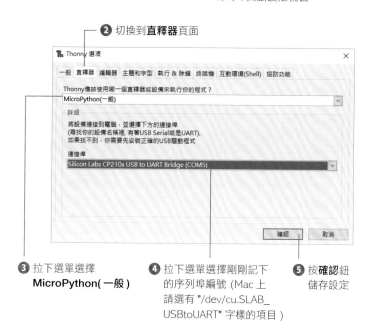

❸ 拉下選單選擇 **MicroPython(一般)**

❹ 拉下選單選擇剛剛記下的序列埠編號 (Mac 上請選有 "/dev/cu.SLAB_USBtoUART" 字樣的項目)

❺ 按**確認**鈕儲存設定

⚠ 步驟 2 中直釋器的 ' 釋 ' 為 Thonny 軟體中的錯字，正確應該為**直譯器**，直譯器是一種能夠把一句句程式轉成電腦動作的工具。

2-5 ESP32 的 IO 腳位以及數位訊號輸出

在電子的世界中，訊號只分為高電位跟低電位兩個值，這個稱之為**數位訊號**。在 ESP32 兩側的腳位中，標示為 D2~D34(當中有跳過一些腳位) 的 25 個腳位，可以用程式來控制這些腳位是高電位還是低電位，所以這些腳位被稱為**數位 IO (Input/Output) 腳位**，接下來，我們會藉由讓 LED 閃爍說明如何控制這些腳位輸出數位訊號。

·ıll LED

LED, 又稱為發光二極體，具有一長一短兩隻接腳，若要讓 LED 發光，則需對長腳接上高電位，短腳接低電位，像是水往低處流一樣產生高低電位差讓電流流過 LED 即可發光。LED 只能往一個方向導通，若接反就不會發光。

高電位　　低電位
電流　　　電流
長腳　短腳

在程式中該如何控制 LED 閃爍呢？我們會以 1 代表高電位，0 代表低電位，所以等一下寫程式時，若設定腳位的值是 1, 表示讓腳位變高電位（點亮），若為 0 則表示低電位（熄滅）。

∿ LAB01 　閃爍 LED 燈

實驗目的

熟悉 Thonny 開發環境的操作，並點亮 ESP32 上內建的藍色 LED 燈。

設計原理

為了方便使用者測試，ESP32 上除了電源燈外還有內建 1 顆**藍色的 LED 燈**，這顆 LED 燈的長腳接於 D2 腳位，短腳則接到低電位 (GND) 上。當 D2 腳位的狀態變成『高電位』時，會產生電位差讓電流流過 LED 燈使其發光。

當我們需要控制 ESP32 腳位的時候，需要先從 **machine** 模組匯入 **Pin** 物件：

```
>>> from machine import Pin
```

前面提到 ESP32 上內建的腳位接於 D2 上，請如下以 2 號腳位建立 Pin 物件：

```
>>> led = Pin(2, Pin.OUT)
```

上面我們建立了 2 號腳位的 Pin 物件，並且將其命名為 led，因為建立物件時第 2 個參數使用了 **Pin.OUT**，所以 2 號腳位就會被設定為**輸出腳位**。

然後即可使用 value() 方法來指定腳位電位高低：

```
>>> led.value(1)    ← 高電位
>>> led.value(0)    ← 低電位
```

最後，我們希望讓 LED 燈不斷地閃爍下去，所以使用 Python 的 while 迴圈，讓 LED 燈持續點亮和熄滅：

while 迴圈

while 條件式：
　　程式區塊

while 會先對條件式做判斷，如果條件成立，就執行程式區塊，然後再回到 while 做判斷，如此一直循環到條件式不成立時，則結束迴圈。

寫單晶片程式時，常常需要程式不斷的重複執行，這時可以使用 **while True** 語法來達成。前面提到 while 後面需要接**條件式**，而條件式本身成立時，會回傳 **True(1)**，所以 while True 代表條件式不斷成立，程式區塊會不斷重複執行。

```
>>> while True:           # 不斷重複執行
        led.value(1)      # 點亮 LED 燈
        time.sleep(0.5)   # 暫停 0.5 秒
        led.value(0)      # 熄滅 LED 燈
        time.sleep(0.5)   # 暫停 0.5 秒
```

while 的條件式後需要加上**冒號**『：』，冒號下面的程式區塊則必需**縮排**（往內縮），一般慣例會以『4 個空格』做為縮排的格數。

材料

● ESP32 控制板

接線圖

此實驗不需接線。

設計程式

請在 Thonny 開發環境上半部的程式編輯區輸入以下程式碼，輸入完畢後請按 Ctrl + S 儲存檔案：

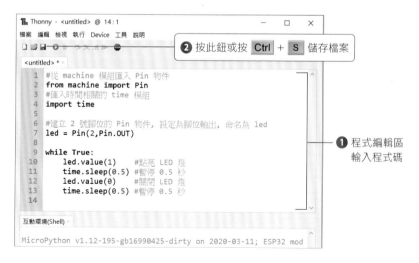

❷ 按此鈕或按 Ctrl + S 儲存檔案

```
#從 machine 模組匯入 Pin 物件
from machine import Pin
#匯入時間相關的 time 模組
import time

#建立 2 號腳位的 Pin 物件，設定為腳位輸出，命名為 led
led = Pin(2,Pin.OUT)

while True:
    led.value(1)     #點亮 LED 燈
    time.sleep(0.5)  #暫停 0.5 秒
    led.value(0)     #關閉 LED 燈
    time.sleep(0.5)  #暫停 0.5 秒
```

❶ 程式編輯區輸入程式碼

⚠ 程式裡面的 # 符號代表註解，# 符號後面的文字 Python 會自動忽略不會執行，所以可以用來加上註記解說的文字，幫助理解程式意義。輸入程式碼時，可以不輸入 # 符號後面的文字。

❸ 選擇本機

⚠ 若看不到**本機**的字樣，可以直接點選兩個方框中位於上方的方框。

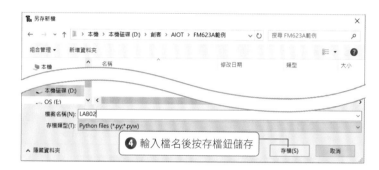

❹ 輸入檔名後按存檔鈕儲存

⚠ 本套件範例程式下載網址：http://www.flag.com.tw/download.asp?FM626A。

實測

請按 F5 執行程式，即可看到 LED 每 0.5 秒閃爍一次。

⚠ 如果想要程式在 ESP32 開機自動執行，請在 Thonny 開啟程式檔案後，執行選單的**檔案 / 儲存複本…** 命令後點選 **MicroPython 設備**，在 File name：中輸入 main.py 後點擊 OK。若想要取消開機自動執行，請儲存一個空的同名程式即可。

安裝 MicroPython 到 ESP32 控制板

如果你從市面上購買新的 ESP32 控制板,預設並不會幫您安裝 MicroPython 環境到控制板上,請依照以下步驟安裝:

1. 請依照第 3-4 節下載安裝 ESP32 控制板驅動程式,並檢查連接埠編號。

2. 至 Thonny 功能表點選**工具 / 選項 / 直釋器**:

❶ 選擇 **MicroPython(ESP32)** 選項

❷ 選擇**裝置管理員**中顯示的埠號,筆者的是 **COM 5**

❸ 按下**開啟對話框,安裝或升級設備 ...**

3. MicroPython 韌體位於『FM626A/Python 黑科技韌體』資料夾中,檔名為『ESP32_FM626A.bin』

4. 選擇 Port 以及資料夾內的 MicroPython 韌體的路徑後按下 **Install**,燒錄完畢按下確認。

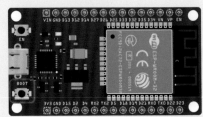

⚠ 按下 **Install** 前請先按住 ESP32 控制板上的 **BOOT** 鍵否則韌體有機會安裝失敗

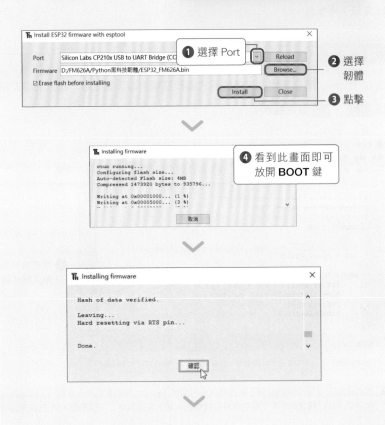

❶ 選擇 Port

❷ 選擇韌體

❸ 點擊

❹ 看到此畫面即可放開 **BOOT** 鍵

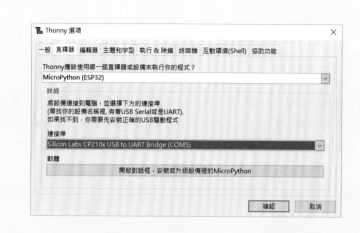

7. 重新連接後若 Shell 窗格中出現 MicroPython 字樣代表燒錄成功。

03

聲音的秘密

在我們的生活中,「聽」已經是習以為常且不可或缺的動作了,不管是溝通、上課、聽音樂,免不了就是要聽,我們能聽出音樂的美妙,也能聽出對方想表達的訊息,但本章要聽聲音的不是我們的耳朵,而是 ESP32 開發板,接著就讓我們看看該如何做吧!

3-1 什麼是聲音

無論是講話、奏樂、敲擊,舉凡我們能聽見的都是經由聲源振動產生**聲波**,再經由介質傳遞,最後送達我們的耳朵,例如:彈吉他就是「吉他弦(聲源)振動後產生**聲波**,聲波藉由空氣(介質)傳進共鳴箱放大聲音,再由空氣(介質)傳遞至耳朵接收。」

ᴬᴵᴵ 波

聲波是一種波,波會上下震盪,因此有振幅、週期、頻率…等特性。

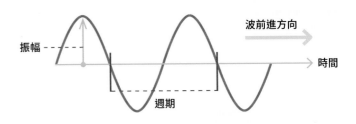

- **振幅**:振動的幅度,以聽覺來說就是聲音的大小聲。

  例如:彈吉他時,我們將吉他弦用力撥動,弦來回振動的幅度大,因而產生較大的聲音,反之若是小力撥動,弦來回振動的幅度小,產生的聲音也較小。

- **週期**:完整振動一次所需的時間,也就是從原點開始振動,到最高點再到最低點,最後回到原點所需的時間,所以一次周期會經過四個振幅。

- **頻率**：單位時間內振動的次數，單位為赫茲 (Hz, 次 / 秒)，以聽覺來說頻率越高，聲音聽起來越尖銳，越低則越低沉（註：週期與頻率是倒數關係，若以秒為單位時間，週期是一次幾秒，頻率是一秒幾次）。

例如：將吉他的弦調緊，那麼上下震盪速度變快，頻率升高，發出的聲音也變高，反之調鬆震盪速度則變慢，聲音也隨之變低。

3-2 播放聲音

認識了何謂聲音，那麼接下來便要使用喇叭製造最簡單的聲音（聲波）。以下將分別介紹方便實驗接線路的麵包板以及喇叭。

麵包板

麵包板的表面有很多插孔。插孔下方有相連的金屬夾，當零件的接腳插入麵包板時，實際上是插入金屬夾，進而和同一條金屬夾上的其他插孔上的零件接通。

本套件所付的麵包板背面有泡棉黏住，若將其撕開就能夠看見如下結構。

⚠ 但建議不要撕開，因為金屬夾裸露容易因碰觸到其它金屬而短路！

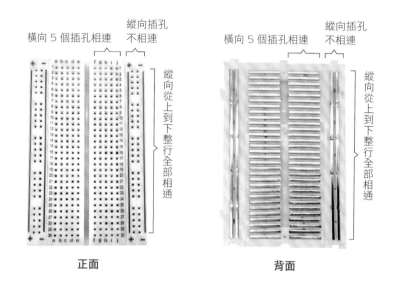

正面　　　　　　　　　　**背面**

觀察麵包板背面，可以更清楚地看見側邊縱向孔其實都是相連的，而中間橫向孔列與列間彼此分離。

若我們將 ESP32 開發板插上麵包板，就可以把接上麵包板的腳位擴充（因為金屬夾相連，可以導電至其他孔位），例如將 GND 腳位接至外側的縱向排與內側其它的橫向排，那麼接上的整條縱向排與橫向排都是 GND 了：

⚠ 稍後實驗都會像這樣使用控制板，因此請讀者先將控制板如圖接在麵包板上，USB 接孔朝外，腳位對齊最後一排**用力插上**。

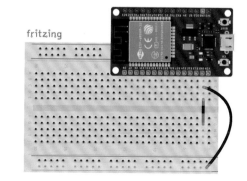

▨ 青綠色部分都是 GND

杜邦線

杜邦線是二端已經做好接頭的導線，可以很方便的用來連接 ESP32、麵包板、及其他各種電子元件。杜邦線的接頭可以是公頭（針腳）或是母頭（插孔）：

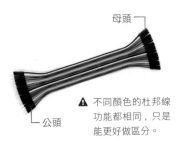

母頭

公頭

⚠ 不同顏色的杜邦線功能都相同，只是能更好做區分。

本套件附 20cm 公公杜邦線、20cm 公母杜邦線以及 10cm 公公線，接線時無強制規定使用何種，讀者可自行視情況使用。

喇叭

喇叭的正式名稱為**揚聲器**，是一種將電子訊號轉換成聲音的元件，整個結構包含了線圈、磁鐵及震膜，當線圈通電時便是電磁鐵，會與磁鐵相吸，而當線圈不通電時又回復原本的狀態，因此只要不停的切換線圈的通電狀態，就會造成震膜的振動，進而發出聲音。

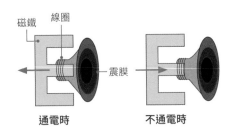

磁鐵 線圈

震膜

通電時

不通電時

通電、不通電，一直反覆切換便會產生震動，進而發出聲音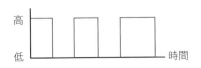

PWM

ESP32 在控制喇叭時需要使用到 **PWM** 功能。那什麼是 PWM 呢？

PWM 可以**依指定的頻率不斷切換電位高低**，因此可以藉由 PWM 振動喇叭的震膜來發出聲音：

高

低

時間

頻率指的是每秒切成多少個時間片段，每個時間片段內都會切換 1 次高低電位，並且可以控制個別時間片段內高、低電位所佔的時間比例。其中高電位所佔的時間比例稱為**工作週期**，工作週期的值越大代表高電位持續的時間越久。對於控制喇叭來說，**頻率控制音高**，而**工作週期控制振幅**，通常我們會讓高低電位時間相同，使振幅達到最大，聲音也最大。

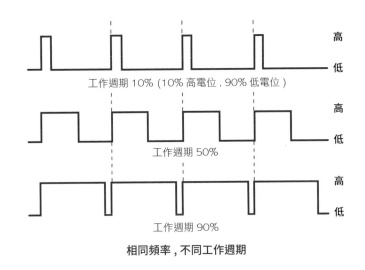

高

低

工作週期 10% (10% 高電位，90% 低電位)

高

低

工作週期 50%

高

低

工作週期 90%

相同頻率，不同工作週期

如此一來，即可藉由 PWM 使用僅有高低電位的數位訊號模擬聲波這樣的類比訊號。PWM 可以直接從 machine 模組裡匯入，並指定腳位來建立物件：

```
from machine import Pin,PWM
buzzer = PWM(Pin(14))
```

PWM 的工作週期名稱為 duty，數值範圍為 0 ~ 1023，對應 0% ~ 100%，預設值為 512：

```
buzzer.duty(100)    # 工作週期設定為 100
```

控制頻率則使用 freq, 數值範圍為 0 ~ 78125Hz, 預設 freq 為 5000Hz, 本套件最高使用頻率僅約 1500Hz:

```
buzzer.freq(1000)    # 頻率設定為 1000Hz
```

─∿─ LAB02　播放聲音

實驗目的

練習使用 PWM 讓使用喇叭不斷循環播放 Do (261Hz)、Re (293Hz)、Mi (329Hz)、Fa (349Hz)、So (392Hz)。

設計原理

若要連續播放多個聲音必須加入讓程式暫停執行的 time.sleep() 方法,等待聲音播完再換下一個頻率,否則程式會不斷快速地切換頻率,根本來不及聽到聲音。若 buzzer 是 PWM 物件,以下程式會先播放 261Hz 頻率 0.2 秒後再繼續播放 294Hz 頻率 0.2 秒:

```
buzzer.freq(261)
time.sleep(0.2)
buzzer.freq(294)
time.sleep(0.2)
```

材料

- ESP32 控制板
- 喇叭
- 杜邦線若干

接線圖

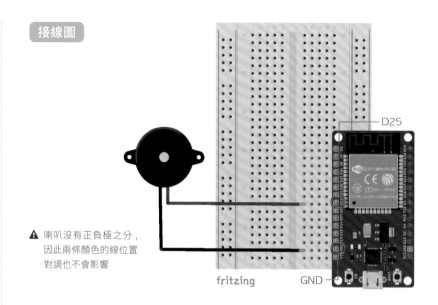

D25

⚠ 喇叭沒有正負極之分,因此兩條顏色的線位置對調也不會影響

fritzing　　GND

設計程式

```
01: from machine import Pin,PWM
02: import time
03:
04: buzzer = PWM(Pin(25),freq=0) # 建立 PWM 物件
05:
06: buzzer.freq(261)    # Do
07: time.sleep(0.5)     # 持續 0.5 秒
08: buzzer.freq(294)    # Re
09: time.sleep(0.5)     # 持續 0.5 秒
10: buzzer.freq(330)    # Mi
11: time.sleep(0.5)     # 持續 0.5 秒
12: buzzer.freq(349)    # Fa
13: time.sleep(0.5)     # 持續 0.5 秒
14: buzzer.freq(392)    # So
15: time.sleep(0.5)     # 持續 0.5 秒
16: buzzer.freq(440)    # La
17: time.sleep(0.5)     # 持續 0.5 秒
```

```
18: buzzer.freq(494)    # Si
19: time.sleep(0.5)      #持續 0.5 秒
20:
21: buzzer.deinit()      #關閉 PWM 功能,停止發聲
```

程式解說

● 第 1 行、第 2 行:匯入相關函式庫。

● 第 4 行:建立 PWM 物件。

● 第 6 行 ~ 第 19 行:依序播放 Do、Re、Mi、Fa、So、La、Si 的頻率,
  每個頻率播放 0.5 秒。

● 第 21 行:關閉 PWM 功能,停止發聲。

實測

按 F5 執行程式,喇叭便會開始循環播放所設定聲音。

3-3 串列與迴圈

上一節實驗僅播放了 5 種聲音,複製數次類似的程式即可,倘若現在是 10
種、甚至 100 種聲音的話,是否一樣要複製 10 次、100 次呢?不,這樣
會複製到手斷掉,程式還會變得很長,此時我們可以使用 **串列 (list)** 與 **for
迴圈** 來幫助我們簡化程式。

串列 (list)

在 Python 語言中,「串列 (list)」就像一個容器,可以讓您放置多項資料,這
些資料稱為「元素 (element)」,會依序排列放置,放置的順序編號稱為「索
引 (index)」,索引從 0 開始算,因此第 1 個元素為索引 0、第 2 個元素為索
引 1,依此類推,其存取的語法如下:

```
>>> a = [16, 14, 12 ,13 ,15 ,5, 4]   ← 以中括號表示串列
>>> a[0]   ← 取得第一個元素(索引 0)
16
>>> a[1]
14
```

for 迴圈

for 迴圈是幫我們解決**重複執行同樣或類似事務**的工具,像是 Lab 02 重複類
似的程式碼,就可以交給 for 迴圈幫我們解決,for 迴圈基本語法如下:

```
for 變數 in 串列:
    程式區塊
```

先直接看範例您會較容易理解,假如想播放 0、100、200、…、900 共
10 種頻率的聲音,不使用迴圈的情況如下:

```
buzzer.freq(0)
time.sleep(0.5)
buzzer.freq(100)
time.sleep(0.5)
buzzer.freq(200)
```

```
time.sleep(0.5)
buzzer.freq(300)
time.sleep(0.5)
buzzer.freq(400)
time.sleep(0.5)
buzzer.freq(500)
time.sleep(0.5)
buzzer.freq(600)
time.sleep(0.5)
buzzer.freq(700)
time.sleep(0.5)
buzzer.freq(800)
time.sleep(0.5)
buzzer.freq(900)
time.sleep(0.5)
```

重複輸入了 10 次相似的程式，若改用 for 迴圈與串列只要 **4 行**就能完成以上動作：

```
tones = [ 0, 100, 200, 300, 400, 500, 600, 700, 800, 900]
for tone in tones:
    buzzer.freq( tone )
time.sleep(0.5)
```

單看這 4 行你可能會霧煞煞，其實原理就是依序將 tones 串列內的元素命名為 tone 後傳入 buzzer.freq() 內：

把 tone 設為 0，執行程式 buzzer.freq(0)

把 tone 設為 100，執行程式 buzzer.freq(100)

…

把 tone 設為 800，執行程式 buzzer.freq(800)

把 tone 設為 900，執行程式 buzzer.freq(900)

⎍〜 LAB03　播放聲音（使用串列與迴圈）

實驗目的

利用更短的程式碼完成 Lab 02。

設計原理

將多種頻率存放在串列中，並利用迴圈依序播放對應的聲音。

材料

同 Lab 02。

接線圖

同 Lab 02。

設計程式

```
01: from machine import Pin,PWM
02: import time
03:
04: buzzer = PWM(Pin(25),freq=0)            # 建立 PWM 物件
05:
06: tones = [261,294,330,349,392,440,494]   # Do、Re、Mi、Fa、So、La、Si
07:
08: for tone in tones:                      # 依序取出各別音高的頻率
09:     buzzer.freq(tone)                   # 播放指定頻率的聲音
10:     time.sleep(0.5)                     # 持續 0.5 秒
11:
12: buzzer.deinit()                         # 關閉 PWM 功能，停止發聲
```

- 第 1 行、第 2 行：匯入相關函式庫。
- 第 4 行：建立 PWM 物件。
- 第 6 行：將欲播放頻率儲存至串列內。
- 第 8 行～第 10 行：依序播放串列內的頻率，每個頻率播放 0.5 秒。
- 第 12 行：關閉 PWM 功能，停止發聲。

實測

按 F5 執行程式，喇叭便會開始循環播放所設定聲音。

3-4 合成聲音

前面實驗播放的聲音是最簡單的波，但我們平常聽到的聲音更為複雜，是由**多個不同頻率的波所組成**，而這就是所謂的**音色**。例如：吉他彈出的 Re 與鋼琴彈出的 Re 都能夠聽出來是一樣的音調，也能知道兩者是不同的樂器，這是因為兩者的**音色**不同，意味著它們的聲音是由**不同頻率的波所組成**。例如以下為吉他與鋼琴相同音調時的波形：

吉他　　　　　　　　鋼琴

波形之所以如此崎嶇，是因為聲音是由不同的波所組成，而這些波都有自己的頻率與振幅。那麼為何我們還可以聽出是同一個音調呢？其實音調就是聲音中的「主要頻率」，也就是所有波中強度最大的頻率，例如：吉他與鋼琴發出的 Re, 都有一個 293.7 Hz 的波強度特別大。

ᴬˡˡ 電話按鍵聲

提到電話按鍵聲想必大家也不陌生，在按下不同的按鍵時會發出不同的「嗶」聲，其實每個按鍵聲就是由兩個不同頻率的波所組成，如下所示：

	1209 Hz	1336 Hz	1447 Hz
697 Hz	1	2	3
770 Hz	4	5	6
852 Hz	7	8	9
941 Hz	*	0	#

我們可以想成每個電話按鍵聲都是一首歌，而每首歌都是雙人對唱，例如按鍵 1 的聲音（歌）就是 1209Hz + 697Hz（雙人對唱）所組成。

⎓〜 LAB04　合成電話按鍵聲

實驗目的

將電話按鍵聲的兩個頻率合成為一個聲音由喇叭播放。

設計原理

定義兩個串列,個別是電話按鍵聲的低頻與高頻,並同時傳給喇叭播放。

由於內建的 PWM 函式庫無法在不同腳位上同時發出不同的頻率,以至於無法合成聲音,因此我們改用旗標科技所客製的 flag_pwm 模組,使用方法與原本 PWM 函式庫相同。

首先需要安裝 flag_pwm 模組到 ESP32 當中,如下操作:

1 點擊檢視 / 檔案

接著左側會出現 ESP32 內儲存的檔案及本機端資料夾。

2 在左側**本機**窗格中,打開範例程式資料夾,在 **flag_pwm.py** 按滑鼠右鍵後選取『上傳到 /』

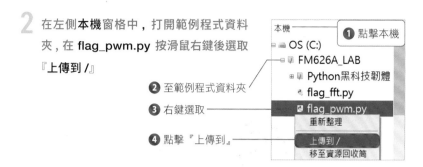

❶ 點擊本機

❷ 至範例程式資料夾

❸ 右鍵選取

❹ 點擊『上傳到』

3 檔案 /MicroPython 設備中會出現已匯入至 ESP32 的模組

4 匯入相關模組、建立 PWM 物件

```python
from flag_pwm import PWM
from machine import Pin
tone1 = PWM(Pin(25))
tone2 = PWM(Pin(27))
```

5 停止 PWM 功能

```python
tone1.deinit()
tone2.deinit()
```

材料

● ESP32 控制板　　　　　　● 杜邦線若干

● 喇叭

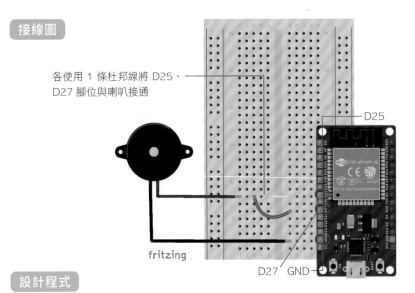

各使用 1 條杜邦線將 D25、
D27 腳位與喇叭接通

D25

D27 GND

fritzing

設計程式

```
01: from flag_pwm import PWM        # 使用旗標客製版本的 PWM 功能
02: from machine import Pin
03: import time
04:
05: # 電話按鍵聲 0~9 低頻
06: low_hz = [941, 697, 697, 697, 770, 770, 770, 852, 852, 852]
07: # 電話按鍵聲 0~9 高頻
08: high_hz = [1336, 1209, 1336, 1477, 1209, 1336, 1477, 1209, 1336, 1477]
09:
10: tone1 = PWM(Pin(25))            # 建立播放低頻聲音的 PWM 物件
11: tone2 = PWM(Pin(27))            # 建立播放高頻聲音的 PWM 物件
12:
13: for i in range(10):             # 依序播放電話按鍵聲 0~9 的聲音
14:     tone1.freq(low_hz[i])       # 播放低頻聲音
15:     tone2.freq(high_hz[i])      # 播放高頻聲音
16:     time.sleep(0.25)            # 持續 0.25 秒
17:
18: tone1.deinit()                  # 停止播放低頻音的 PWM 功能
19: tone2.deinit()                  # 停止播放高頻音的 PWM 功能
```

程式解說

● 第 1 行 ~ 第 3 行：匯入旗標客製版本 PWM 模組及其他相關函式庫。

● 第 5 行 ~ 第 8 行：建立電話按鍵聲低頻與高頻頻率串列，索引與電話按鍵聲相互對應（索引 0 為按鍵聲 0, 索引 1 為按鍵聲 1…以此類推）。

● 第 10 行、第 11 行：建立播放低頻與高頻聲音的 PWM 物件

● 第 13 行 ~ 第 16 行：依序播放電話按鍵聲頻率, 每個頻率播放 0.25 秒。

range() 函式

range() 函式可當成虛擬的串列, 只要給定參數就能得到數列, 其語法為：

range(起始值, 終止值, 間隔值)

■ **起始值**：range() 產生數列的第一個整數, 此參數若省略則代表 0

■ **終止值**：range() 產生數列的最後一個元素會小於終止值, 此參數不可省略

■ **間隔值**：range() 產生數列時, 會依照間隔值決定起始值之後的數字, 此參數若省略則代表 1。

例如：

range(5) 表示終止值是 5, 由 0 開始能生成數列 0、1、2、3、4。

range(3,7) 表示起始值是 3, 終止值是 7, 生成數列 3、4、5、6。

range(0,10,2) 表示起始值 0, 終止值 10, 間隔 2, 生成數列 0、2、4、6、8。

● 第 18 行、第 19 行：停止播放聲音。

● 第 20 行、第 21 行：停止 PWM 功能。

實測

按 **F5** 執行程式，喇叭便會開始播放電話按鍵聲 0 至 9。

接收使用者輸入的資料

學習合成電話按鍵聲後，緊接著我們來**模擬撥打電話**的聲音，為了能知道我們輸入的電話號碼為何，需要能夠輸入資料的 inpiut() 函式：

```
>>> num = input('按鍵聲:')
按鍵聲:
```

input() 的參數是**字串**，執行時會顯示於**互動環境 (Shell)** 提醒使用者輸入內容：

```
按鍵聲:5
>>> num
'5'
```

輸入 5 按 **Enter** 後，輸入的內容會以**字串**型別儲存至 num 中。

⎍ LAB05 　模擬撥打電話

實驗目的

模擬撥打電話的聲音。

設計原理

將撥電話流程放入 while True 內重複執行。在輸入數字時，程式會先判斷是否為數字，若是才會播放按鍵聲，由於 input() 函式回傳的是字串型別，因此可以使用字串內建的方法「**字串 .isdigit()**」判斷是否為數字。

材料

同 Lab 04。

接線圖

同 Lab 04。

設計程式

請讀者開啟 Lab 04 直接修改即可。

```
01: from flag_pwm import PWM
02: from machine import Pin
03: import time
04:
05: # 電話按鍵聲 0~9 低頻
06: low_hz = [941, 697, 697, 697, 770, 770, 770, 852, 852, 852]
07: # 電話按鍵聲 0~9 高頻
```

```
08: high_hz = [1336, 1209, 1336, 1477, 1209, 1336, 1477, 1209, 1336, 1477]
09:
10: while True:
11:     tone1 = PWM(Pin(25))      # 建立播放低頻聲音的 PWM 物件
12:     tone2 = PWM(Pin(27))      # 建立播放低頻聲音的 PWM 物件
13:
14:     nums = input('按鍵聲:')
15:
16:     if nums.isdigit():        # 判斷是否為數字
17:         for num in nums:      # 一一取出個別數字
18:             tone1.freq(low_hz[int(num)]) # 依序播放按鍵低頻音
19:             tone2.freq(high_hz[int(num)]) # 依序數字播放按鍵高頻音
20:             time.sleep(0.5)               # 持續 0.5 秒
21:         tone1.duty(0)                     # 停止播放低頻音
22:         tone2.duty(0)                     # 停止播放高頻音
23:
24:     tone1.deinit()           # 停止播放低頻音的 PWM 功能
25:     tone2.deinit()           # 停止播放高頻音的 PWM 功能
```

⚠ 注意，要記得縮排哦！

程式解說

程式碼與 Lab 04 大致相同，在此不逐行說明。

- 第 14 行：使用 input() 函式輸入資料並指派給變數 num。
- 第 16 行：判斷 num 是否為數字。
- 第 17 行：字串可以像串列一樣擁有索引，每個字母都有自己的索引位置，例如 A = "123"，A[0] = 1，A[1] = 2，A[2] = 3。
- 第 21 行、第 22 行：duty 設定為 0 表示關閉聲音。

實測

按 F5 執行程式，輸入數字後按 Enter，喇叭便會逐一播放其數字對應的電話按鍵聲。

3-5 看見聲音

聲音是無形的，若要對其進行研究或應用，第一步便是要讓它**出現在我們眼前**，轉變成可以運算的形式。

認識麥克風模組

麥克風模組是一種「感測器」，其功能為偵測周圍環境的聲音，轉換為電壓訊號輸出。偵測到的聲音愈大則電壓愈大，聲音愈小則電壓愈小。

麥克風有三個腳位，**+ (VCC)** 與 **GND** 負責供應電源，**OUT** 則是輸出電壓大小。

ADC 值

由於電壓變化是一種連續變化的類比訊號，為了讀取電壓的變化值，須進行**類比數位轉換 (ADC, Analog-to-Digital Conversion)**，將輸入的電壓變化轉成特定範圍的的整數值，在 ESP32 開發板上只有 D32、D33、D34、D35、VN(39)、VP(36) 腳位具備 ADC 功能。

讀取 ADC 值的方法如下：

1 建立 ADC 物件

```
from machine import Pin, ADC    # 匯入相關函式庫
adc = ADC(Pin(34))              # 設定進行 ADC 的腳位
```

2 設定最大感測電壓

ESP32 中預設的最大感測電壓為 1V, 代表只要 ADC 腳位接收超過 1V 的電壓, 得到的 ADC 值就是 4095。最大感測電壓總共有 4 種參數可以選擇：

參數	最大感測電壓
ADC.ATTN_0DB	1V
ADC.ATTN_2_5DB	1.34V
ADC.ATTN_6DB	2V
ADC.ATTN_11DB	3.6V

由於麥克風模組輸出的電壓高於 1V 且不會超過 3.3V, 所以選擇 **3.6** 當作最大電壓：

```
adc.atten(ADC.ATTN_11DB)    # 設定最大電壓為3.6V
```

3 讀取 ADC 值

設定完畢後使用 adc.read() 讀取 ADC 值, 傳回值介於 0~4095 的整數, 對應到 0V~3.6V：

```
print(adc.read())           # 讀取 ADC 值
```

─�─ LAB06　進入聲音世界

實驗目的

藉由麥克風模組讀取環境聲音, 並觀察結果。

設計原理

使用 D34 腳位讀取麥克風所接收到的環境聲音。

材料

● ESP32 開發板
● 麥克風模組
● 杜邦線若干

接線圖

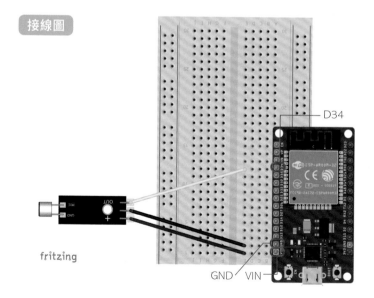

D34

GND　VIN

fritzing

```
1:  from machine import Pin,ADC
2:  import time
3:
4:  adc = ADC(Pin(34))              # 設定接收 ADC 的腳位
5:  adc.atten(ADC.ATTN_11DB)        # 設定最大電壓為3.6V
6:
7:  while True:
8:      print(adc.read())           # 讀取 ADC 值
9:      time.sleep(0.05)            # 等候 0.05 秒
```

程式解說

每 0.05 秒接收一次 D34 腳位所讀取到的值。

實測

開始執行程式前，點擊 Thonny 工具列的「**檢視 / 繪圖器**」：

即可看到**互動環境**旁多了**繪圖器**區塊：

繪圖器會畫出圖表(一連串列印到互動環境Shell的數字)

請看說明了解更多細節.

⚠ 繪圖區可以畫出**互動環境**中顯示的值

接下來按 F5 執行程式，互動環境會顯示麥克風所讀取的值，繪圖器則是將讀取值畫出來，也就是「**聲波**」的樣貌。請讀者試著對麥克風發出聲音，觀察數值變化（若覺得速度過快或太慢可以經由調整程式中 time.sleep() 內的參數改變讀取速度）。

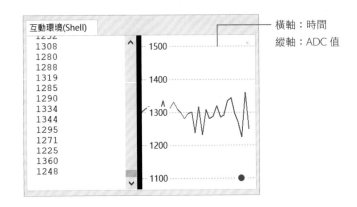

橫軸：時間
縱軸：ADC 值

您可能會納悶，為什麼明明很安靜，但麥克風卻依然讀到數值呢？這是因為有**環境音**的存在，只是我們較少注意到它。

04

解析聲音
– 電話按鍵竊聽器

我們見識了聲波的樣貌，也能看出講話時波形會上下震盪，但也因為波形複雜，無法直接地觀察，因此必須使用能夠幫助我們解析聲音的工具「FFT」!

4-1 嗨！FFT！

快速傅立葉轉換 (Fast Fourier Transform, 簡稱 **FFT**) 是貫徹本套件的精髓，它能幫助我們分析訊號，例如：將麥克風讀取的聲音訊號做 FFT，把複雜的聲波拆解成多個簡單聲波，並分析出哪個頻率強度最高。

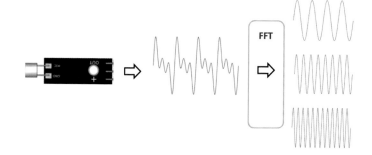

FFT 的使用方法如下：

1 開啟範例程式，對 flag.fft.py 點擊右鍵，選『上傳到 /』，將模組匯入 ESP32 控制板：

2 此時檔案 /MicroPython 設備中會有兩個模組，分別是 flag_fft 與第三章安裝的 flag_pwm：

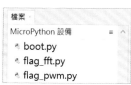

3 匯入 FFT 模組

```
from flag_fft import FFT
```

4 建立 FFT 物件

```
fft = FFT(64, 4000, 34)    # 建立 FFT 物件
```
採樣數　採樣頻率　採樣腳位

使用 FFT 前，需要先設定**採樣數、採樣頻率**及**採樣腳位**，採樣數是指以多少筆資料為單位進行分析，必須是 2 的次方 (2、4、8、16、32…)，採樣數越高，分析的值就越準確，相對的運算時間就越久，本套件採樣數使用 64 就已經足夠使用囉。採樣頻率則是每隔多少時間採樣一筆資料，採樣頻率的一半是所能分析出的最高頻率，ESP32 控制板能使用的最高採樣頻率為 6000。採樣腳位在此是讀取麥克風 ADC 值的腳位。

實際代入數字能幫助您理解：假如設定採樣數 64、採樣頻率 4000，那麼每 1/4000 秒會收集一筆資料（麥克風讀取的值），所以 64/4000 秒就會把這 64 筆資料收集完，接著再使用 FFT 分析資料。

經過 FFT 分析資料後會得到 64 個元素的頻率強度串列，但因為 FFT 的**對稱**性質，這其中有一半是重複的，所以只需要觀察一半 32 項頻率強度即可。此串列 32 項索引代表從 0Hz 到最高頻率 2000Hz（採樣頻率 4000 ÷ 2）平均切割成 32（採樣數 64 ÷ 2）的頻率，串列元素則表示該頻率代表的強度，如下圖橫軸為 32 個頻率的索引，縱軸為強度（強度數值會受到 ADC 解析度影響，但相對關係不變）：

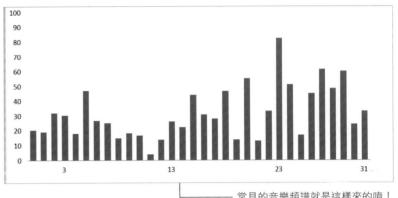

└──── 常見的音樂頻譜就是這樣來的唷！

由於建立好的 FFT 物件只做分析，不會回傳任何的值，因此我們還要搭配其他程式使用：

1 取得頻率強度串列：

```
fft.magnitude()
```

如上例，會回傳每項的頻率強度串列：[20, 19, 31, …, 27, 35]。

2 取得整體主頻率 (強度最強的頻率)：

```
fft.major_peak()
```

如上例，第 23 項強度最強，因此會輸出主頻率 1437.5Hz(2000 ÷ 32 × 23)。

3 指定區間的主頻率：

fft.interval_majorPeak(起始值, 終止值)

如上例, 若起始值設定 23、終止值設定 31, 則會輸出第 23 項 1437.5Hz 至第 31 項 1937.2Hz (2000 ÷ 32 × 31) 之間強度最強的頻率。

-⋀- LAB07　初探 FFT

實驗目的

使用 FFT 觀察聲音主頻率。

設計原理

對麥克風所收到的聲音進行 FFT, 並觀察其結果。

材料

同 Lab06

接線圖

同 Lab06

設計程式

```
1: from flag_fft import FFT
2: import time
3:
4: while True:
5:     fft = FFT(64, 4000, 34)      # 建立 FFT 物件
6:     peak = fft.major_peak()      # 判斷主頻率
7:     print(peak)
8:     time.sleep(0.1)              # 等候 0.1 秒
```

程式解說

- 第 5 行：建立 fft 物件, 設定採樣數 64、採樣頻率 4000、採樣腳位 34。
- 第 6 行、第 7 行：判斷主頻率並輸出。
- 第 8 行：每輸出完主頻率後, 等候 0.1 秒。

實測

按 F5 執行程式。讀者可以在 youtube 搜尋並播放**測試音頻**的影片讓麥克風收音, 作為接收資料, 測試程式是否無誤：

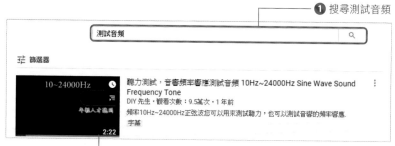

❶ 搜尋測試音頻

❷ 打開此影音

將麥克風對著播放此影片的聲源（手機、電腦喇叭…），即可在互動環境內看到數值隨著頻率上升。由於 FFT 性質，實際上只能辨識出採樣頻率的**一半**，也就是 2000Hz 以下的聲音，執行結果如右：

4-2　解析聲音

接下來我們要使用 FFT 分析前一章所製造的電話按鍵聲，例如：喇叭放出電話按鍵聲 2，麥克風接收後再以 FFT 分析此聲音頻率組成。為了讓程式開發效率及易讀性提高，必須先學習可以將多行程式打包為一組的**函式**。

函式

函式為一組被命名的程式，執行函式就代表執行其內部程式。在 Python 中會使用 def 來定義函式，範例如下：

```
>>> def plus_one(num):
      num=num+1
      return(num)
>>> plus_one(5)
6
```

上面的範例只要呼叫 **plus_one** 函式，輸入值 num 就會加上 1 並回傳。使用函式可以避免**不斷重複程式碼**，還可因為具有說明意義的函式名稱提升**程式的易讀性**。

LAB08　分析電話按鍵聲

實驗目的

接續著 Lab 05 將撥打出的電話按鍵聲以 FFT 分析，看是否與輸入一樣。

設計原理

電話按鍵聲是由一個高頻與一個低頻聲波組成，因此不能單看整體主頻率，而是將所有頻率強度分成兩個區間，並由兩個區間個別的主頻率綜合判斷是哪個按鍵聲。

當我們設定採樣數 64、採樣頻率 3000 時，根據 FFT 的性質，我們可以得到 32 筆代表頻率強度的數值，下圖為按鍵聲 1 的真實情況：

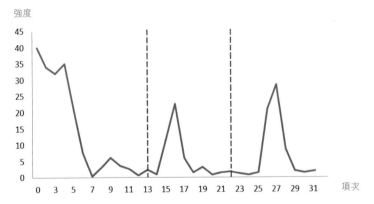

項次	⋯	13	⋯	22	⋯	31
頻率	⋯	609 Hz	⋯	1031 Hz	⋯	1453 Hz
強度	⋯	2.3	⋯	1.32	⋯	2.39

1500 / 32 * 13 = 609　　1500 / 32 * 22 = 1031　1500 / 32 * 31 = 1453

由此圖可見有三處特別突出的部分：0 ~ 13 區間、13 ~ 22 區間、22 ~ 31 區間，0 ~ 13 區間頻率過低與按鍵聲無關，而剩下的兩個區間突出處就是電話按鍵聲的兩個主頻率。由於喇叭播放出來的聲音會存在誤差（例如播放 609 Hz 但實際聲音的主頻率卻是 621），因此需要定義高、低頻閾值，增加判斷主頻率的彈性，定義方法是取每個頻率與下個頻率中間值，例如按鍵聲高頻 1209Hz、1336Hz，中間值為 1272.5，經筆者實測喇叭頻率誤差通常高於實際頻率，至於該取多少是需要對每個按鍵聲測式，例如按鍵聲 7 的高頻經常落在 1285 附近，為了增加穩定度，我們設定閾值為 1295，其他閾值也是依此概念設定，如下表：

	1295	1395	1600	← 高頻閾值
740	1	2	3	
800	4	5	6	
900	7	8	9	
1000		0		

低頻閾值 ↗ 1000

材料

- ESP32 控制板
- 麥克風模組
- 喇叭
- 杜邦線若干

接線圖

	組件接腳	ESP32 腳位
喇叭	紅線	D25、D27
	黑線	GND
麥克風模組	OUT	D34
	中間腳	GND
	+	VIN

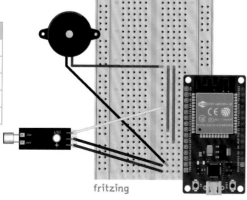

fritzing

設計程式

與 Lab 05 程式大部分相同，因此打開 Lab 05 另存新檔後修改即可。

```
01: from flag_fft import FFT
02: from flag_pwm import PWM
03: from machine import Pin
04: import time
05:
06: # 電話按鍵聲 0~9 低頻
07: low_hz = [941, 697, 697, 697, 770, 770, 770, 852, 852, 852]
08: # 電話按鍵聲 0~9 高頻
09: high_hz = [1336, 1209, 1336, 1477, 1209, 1336, 1477, 1209, 1336, 1477]
10: # 電話按鍵聲 1、2、…、9、0 低頻閾值
11: low_loss = [740, 740, 740, 800, 800, 800, 900, 900, 900, 1000]
12: # 電話按鍵聲 1、2、…、9、0 高頻閾值
13: high_loss = [1295, 1395, 1600, 1295, 1395, 1600, 1295, 1395, 1600, 1395]
14:
15:
16: def which_num():
17:     fft = FFT(64, 3000, 34)  # 執行一次
18:     low_peak = fft.interval_majorPeak(13, 23)  # 判斷低頻的主頻率
19:     high_peak = fft.interval_majorPeak(23, 33)  # 判斷高頻的主頻率
20:
21:     for i in range(10):  # 判斷低頻與高頻落在哪個區間內
22:         if low_peak < low_loss[i]:  # 篩選位於哪個低頻閾值
23:             if high_peak < high_loss[i]:  # 篩選高頻聲音
24:                 print((i + 1) % 10)  # 輸出按鍵聲的號碼
25:                 break
26: while True:
27:     tone1 = PWM(Pin(25))  # 建立播放低頻聲音的 PWM 物件
28:     tone2 = PWM(Pin(27))  # 建立播放高頻聲音的 PWM 物件
29:
30:     num = input('按鍵聲:')  # 輸入按鍵號碼
31:
32:     if num.isdigit():  # 判斷是否為數字
33:         for i in range(len(num)):  # 將輸入數字依序播放
```

```
34:        tone1.freq(low_hz[int(num[i])])    #播放低頻聲音
35:        tone2.freq(high_hz[int(num[i])])   #播放高頻聲音
36:        time.sleep(0.25)    #持續 0.25 秒
37:        which_num()         #判斷此聲音屬於何按鍵聲
38:    tone1.duty(0)    #停止播放低頻音
39:    tone2.duty(0)    #停止播放高頻音
40:
41:  tone1.deinit()    #停止播放低頻音的 PWM 功能
42:  tone2.deinit()    #停止播放高頻音的 PWM 功能
```

程式解說

- 第 10 行 ～ 第 13 行：由於按鍵聲 0 低頻較高，將 0 的閾值放至串列最後，目的為方便開發，因此閾值串列內索引 0 為按鍵 1、索引 1 為按鍵 2、…、索引 8 為按鍵 9、索引 9 為按鍵 0。

- 第 18 行 ～ 第 23 行：判斷電話按鍵聲函式會找出 2 個區間內個別的主頻率，再看此 2 個主頻率個別落在高、低頻閾值內的哪個區間，例如：電話按鍵 0 的聲音為 941Hz + 1336Hz，只要先判斷出低頻與高頻都落在同一區間，如下圖，即可判斷是按鍵 0：

此為項次 (項次 0 代表按鍵 1、…、項次 8 代表按鍵 9、項次 9 代表按鍵 0)

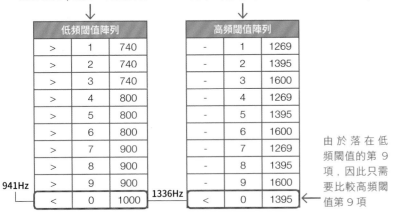

低頻閾值陣列		
>	1	740
>	2	740
>	3	740
>	4	800
>	5	800
>	6	800
>	7	900
>	8	900
>	9	900
<	0	1000

高頻閾值陣列		
-	1	1269
-	2	1395
-	3	1600
-	4	1269
-	5	1395
-	6	1600
-	7	1269
-	8	1395
-	9	1600
<	0	1395

941Hz ←   1336Hz →

由於落在低頻閾值的第 9 項，因此只需要比較高頻閾值第 9 項

- 第 24 行：閾值串列索引 0 為數字 1、索引 1 為按鍵 2、…、索引 9 為按鍵 0,因此將索引值 + 1 再除 10 得到的餘數就是按鍵。

- 第 25 行：為了避免得到多個結果，例如真實答案是按鍵 3 最後輸出結果卻是 3、6、9,因此得到判斷值後必須結束迴圈。

- 第 32 行：判斷輸入是否為數字。

- 第 33 行 ～ 第 35 行：依序將數字傳入，並播放代表它的高低頻率。

- 第 37 行：呼叫判斷該聲音是何種按鍵的函式。

將程式上傳到控制板

按 F5 執行程式，接著輸入電話號碼，便會播放出該聲音並判斷該聲音為何按鍵聲。為了避免麥克風受到太多外界雜音干擾，我們將麥克風拿至喇叭附近。

```
>>> %Run -c $EDITOR_CONTENT
按鍵聲:1
1
```

4-3 自動解析聲音

前一節實驗是自己製造聲音，再自己判斷，但真實情況並非如此，這一節則是要以自動化的方式判斷真實的電話按鍵聲 (如手機、家用電話)。

⎯〜⎯ LAB09 你打給誰？(電話按鍵竊聽器)

實驗目的

自動監聽環境音，當有收到電話按鍵聲時才做判斷，其他聲音則無反應，達成自動判斷真實電話按鍵聲，

設計原理

在此我們不再用喇叭撥放電話按鍵聲，而是讓程式不斷執行 FFT 來判斷是否出現按鍵聲，若是則啟動判斷流程。

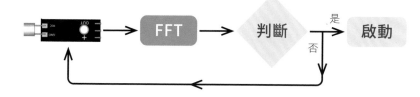

依實測後的結果，判斷啟動的方法我們以低頻區域為例，**低頻音平均強度大於環境音平均強度的 1.5 倍且存在連續兩個強度相加佔總強度 40% 以上**，則可以說存在低頻電話按鍵聲，高頻亦是如此。

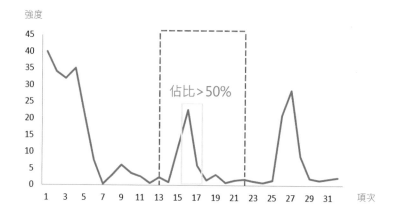

由於每個人按按鍵的時間不盡相同，所以需要收集多一點分析結果再作判斷，因此接下來會連續執行 10 次 FFT 判斷按鍵聲，並以出現次數最多的按鍵為判斷結果，例如：假設 10 次 FFT 判斷按鍵聲值為 0111011321，由此可見 1 出現最多次，那麼就判定此電話按鍵聲為 1。

材料

同 Lab06。

接線圖

同 Lab06。

設計程式

```
01: from flag_fft import FFT
02: import time
03:
```

```
04:  # 電話按鍵聲 1、2、…、9、0 低頻閾值
05:  low_loss = [740, 740, 740, 800, 800, 800, 900, 900, 900, 1000]
06:  # 電話按鍵聲 1、2、…、9、0 高頻閾值
07:  high_loss = [1269, 1395, 1600, 1269, 1395, 1600, 1269, 1395, 1600, 1395]
08:
09:  # 收集判斷的按鍵, 將判斷數字的次數儲存至串列內
10:  def which_num(occur):
11:      for j in range(10):
12:          fft = FFT(64,3000,34) # 執行一次
13:          # 判斷低頻區間的主頻率
14:          low_peak = fft.interval_majorPeak(13,23)
15:          # 判斷高頻區間的主頻率
16:          high_peak = fft.interval_majorPeak(23,33)
17:          # 判斷低頻與高頻落在哪個區間內
18:          for i in range(10):
19:              # 篩選位於哪個低頻閾值
20:              if low_peak < low_loss[i]:
21:                  # 篩選出的低頻閾值中, 高頻聲音為何者
22:                  if high_peak < high_loss[i]:
23:                      occur[i] += 1   # 判斷出的數字出現次數 +1
24:                      break
25:      # 輸出判斷最多次的按鍵聲號碼
26:      print((occur.index(max(occur))+1)%10)
27:
28:  def judge(mean_mag):
29:      low_exist = False    # 判斷是否存在電話按鍵聲的低頻
30:      high_exist = False   # 判斷是否存在電話按鍵聲的高頻
31:      fft = FFT(64,3000,34)
32:      magnitude = fft.magnitude()        # 取得頻率強度
33:      low_sum = sum(magnitude[13:22])   # 低頻區間的強度總和
34:      high_sum = sum(magnitude[23:32])  # 高頻區間的強度總和
35:
36:      # 低頻與高頻平均強度是否大於環境頻率平均強度的 1.5 倍
37:      if (low_sum/9 > mean_mag*1.5) and (high_sum/9 > mean_mag*1.5):
38:
39:          for i in range(9):
40:              # 收集低頻區間連續兩個的頻率強度
41:              low_conti = magnitude[13+i] + magnitude[14+i]
42:              # 收集高頻區間連續兩個的頻率強度
43:              high_conti = magnitude[23+i] + magnitude[21 +i]
44:
45:              # 連續強度是否佔低頻區間的 40 % 以上
46:              if (low_conti > low_sum*0.4):
47:                  low_exist = True
48:
49:              # 連續強度是否佔高頻區間的 40 % 以上
50:              if (high_conti > high_sum*0.4):
51:                  high_exist = True
52:
53:              # 確認出現電話按鍵聲, 執行 which_num 函式
54:              if (low_exist == True) and (high_exist == True) :
55:                  # 重置儲存次數陣列
56:                  occur = [0, 0, 0, 0, 0, 0, 0, 0 ,0 ,0 ]
57:                  which_num(occur)
58:                  break
59:
60:
61:  fft = FFT(64, 3000, 34)
62:  # 取第 13 到第 32 項的頻率強度
63:  magnitude = fft.magnitude()[13:32]
64:  # 將該次 FFT 的平均強度加入 mean_mag
65:  mean_mag = sum(magnitude)/len(magnitude)
66:
67:  while True:
68:      judge(mean_mag)
```

程式解說

程式部分與 Lab 08 相同, 因此只說明不同部分。

● 第 10 行：which_num 會傳入一個空的 occur 串列, 此串列為 [0, 0, 0, 0, 0, 0, 0, 0 ,0], 索引 0 為按鍵 1 出現的次數、索引 1 為按鍵 2 出現的次數、…、索引 9 為按鍵 0 出現的次數。

第 23 行：將每次判斷出的電話按鍵存入 occur 串列，若撥打按鍵 1，將第一次判斷的結果存入串列，結果為 [1, 0, 0, 0, 0, 0, 0, 0, 0 ,0]，迴圈執行完後，此串列的結果 [7, 0, 0, 1, 0, 0, 2, 0, 0 ,0]，表示判斷到 7 次按鍵 1。

第 26 行：如上例，若 occur 串列為 [7, 0, 0, 1, 0, 0, 2, 0, 0 ,0]，我們從內至外解析：max(occur) 輸出 7，因此 occur.index(7) 會得到索引位置 0，索引位置 0 + 1 除以 10 的餘數為 1，得到該電話按鍵聲就是 1。

第 29 行、第 30 行：判斷該聲音是否存在電話按鍵聲的低、高頻，預設為 Fasle。

第 33 行、第 34 行：將低、高頻區間強度加總，作為後續判斷是否為電話按鍵聲的依據之一。

第 37 行：由於低頻強度總和為 9 項加總，因此除 9 得到低頻強度平均，判斷低頻平均強度是否大於環境平均強度的 1.5 倍，高頻亦此，同時滿足時表示**出現非環境音**。

第 39 行 ~ 第 58 行：低、高頻區間均有 9 個元素，因此迴圈執行 9 次，每次的步驟為：

❶ 第 39 行 ~ 第 43 行：連續兩個頻率相加，例如 i = 0 時，第 13 項與第 14 項相加。

❷ 第 45 行 ~ 第 51 行：判斷連續兩個頻率相加是否佔低頻強度的 40% 以上，若是則認為存在電話按鍵聲的低 / 高頻。

❸ 第 54 行 ~ 第 58 行：若低頻與高頻電話按鍵聲均存在，建立 10 個元素為 0 的 occur 串列傳入 which_num 函式內。

第 61 行 ~ 第 65 行：取得目前環境音頻強度，由於我們只需要低、高頻區間，因此只取第 13 項 ~ 第 32 項的強度，再求其平均。

第 67 行、第 68 行：重複執行判斷電話按鍵聲。

將程式上傳到控制板

按 F5 執行程式，接著拿出電話對麥克風進行撥打（記得開聲音唷！），互動環境就會開始顯示電話按鍵聲，若未如預期，請見注意事項。

互動環境(Shell)
5
1
8
1
6

注意事項

由於電話按鍵聲設計是為家用電話通訊而誕生，目前手機的電話按鍵聲僅僅只是通知聲，告知有按到按鍵而已，若未如預期般顯示，也許是您使用的電話品牌按鍵聲未使用標準電話按鍵聲，筆者實測家用電話、iPhone、小米、SONY 品牌的電話按鍵聲都能正確判斷，若身邊沒有標準電話按鍵聲的設備，您可以進入以下網址模擬播打電話：

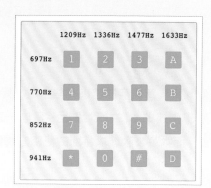

https://onlinetonegenerator.
com/dtmf.html

若依然未如預期地顯示按鍵數字，請先試著調整接收的靈敏度，例如：假設目前沒有按鍵聲，互動環境卻不停判斷出按鍵，請將第 37 行平均強度（防止類似電話按鍵聲的頻率被判斷的程度）1.5 微幅調高及第 46、50 行連續強度（聲音「像不像」電話按鍵聲的敏感度）0.4 調高，反之若不管若撥了打電話，卻讀判斷不出任何按鍵，則將平均強度與連續強度調低。

05

風速傳訊器

傳輸資料四個字聽起來有些生澀，其實只是告訴別人你所想傳達的事，像是講話、寫信…都是傳輸資料的方式，而本章會教您以特別的秘密方式傳輸資料。

5-1　風速造聲

當我們靠在電風扇旁，將其啟動，能感受到風速愈來愈強，若是將耳朵往風扇接近，仔細聽會發現隨著風速提升會產生頻率愈高的聲音。現在，我們將自製電風扇，藉由控制轉速製造不同的聲音。

直流馬達

電風扇即是將扇葉安裝至馬達上，馬達是能藉由電能讓其運轉的裝置，只要連接一個穩定的電源（例如一顆符合規格的電池），就能轉動，但因為開發板的腳位輸出的電流太小無法驅動馬達運作，因此還需要搭配電晶體來達到用小電流控制電池大電流開關的效果。

電晶體

電晶體是一個在電路中當作開關或放大器等功能的電子元件，用途是以小電流控制大電流，在電子電路領域中應用非常廣泛。本套件使用的是 TP120 電晶體，它有 3 個接腳，分別為**射極**（Emitter，簡稱為 E 極）代表**射出電流**、**集極**（Collector，簡稱為 C 極）代表**收集電流**、**基極**（Base，簡稱 B 極）相當於**主控台**。

E 射極
C 集極
B 基極

將開發板的輸出腳位接到電晶體的基極提供一點點電流,就能在輸出端 (E極) 輸出大電流,如此便能達到以開發板輸出的小電流控制馬達與電池間大電流開關的效果。

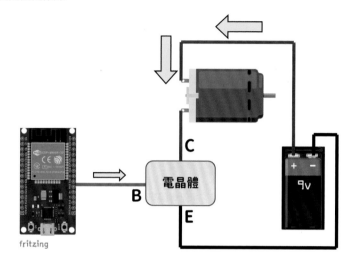

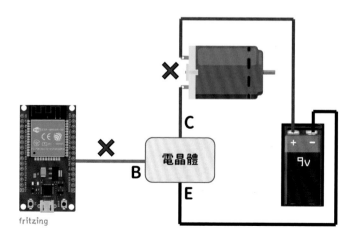

⟿ LAB10　控制馬達轉速

實驗目的

使用 PWM 改變馬達轉速產生不同的風速。

設計原理

第三章製造聲音時能藉由調整 PWM 的 duty 值控制振幅,而對於馬達就是控制電壓大小,在此我們會透過調整 duty 值變化電壓使馬達以不同轉速轉動。

由於此實驗外接一顆 9V 電池,所以當 duty 指定 1023 時 (工作週期 100%) 會以 9V 電壓運轉;指定 512 時 (工作週期 50%) 則是以 4.5V 電壓運轉。

另外,直流馬達轉動至少需要約 1.5V 才能驅動,因此 duty 需要指定到大概 200 馬達才會轉動。

⚠ 電池的電量也會影響最高電壓唷!例如快沒電的 9V 電池最高電壓可能只有 6V,因此建議讀者先使用全新 9V 電池感受**全力衝刺**的速度。

材料

- ESP32 控制板
- 直流馬達
- 扇葉
- 電晶體
- 電阻
- 杜邦線若干
- 電池扣
- 9V 電池

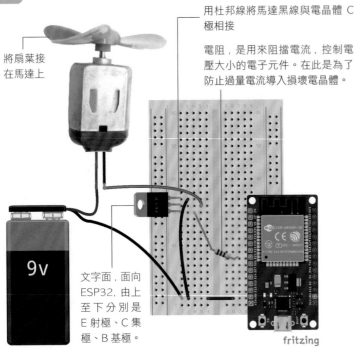

將扇葉接
在馬達上

用杜邦線將馬達黑線與電晶體 C
極相接

電阻,是用來阻擋電流,控制電
壓大小的電子元件。在此是為了
防止過量電流導入損壞電晶體。

9V

文字面,面向
ESP32,由上
至下分別是
E 射極、C 集
極、B 基極。

fritzing

	組件接腳	與其他組件接腳	ESP32 腳位
馬達	紅線	9V 電池扣紅線	-
	黑線	TIP120 C 集極	-
扇葉	-	接至馬達上	-
9V 電池扣	紅線	馬達紅線	-
	黑線	-	GND
TIP120 電晶體	E 射極	-	GND
	C 集極	馬達黑線	-
	B 基極	電阻	-
電阻	任一端	-	D25
		TIP120 B 基極	-

設計程式

```
01: from flag_pwm import PWM
02: from machine import Pin
03: import time
04:
05: while True:
06:     motor = PWM(Pin(25),duty=0)  # 建立運轉馬達的 PWM 物件
07:
08:     speed = int(input("指定 duty 為:"))
09:
10:     print("開始運轉")
11:     motor.duty(speed)      # 運轉指定 duty 值的速度
12:     time.sleep(1)          # 持續 1 秒
13:
14:     motor.deinit()         # 停止運轉馬達的 PWM 功能
15:     print("結束運轉,待馬達完全停止再繼續輸入")
```

程式解說

● 第 6 行:建立 PWM 物件時,先將 duty 設定為 0,若未設定 duty 值,會
直接以預設值 512 開始運轉。

實測

按 F5 執行程式,互動環境會出現「指定 duty 為:」,接著輸入欲指定的值:

```
>>> %Run -c $EDITOR_CONTENT
指定 duty 為:300
開始運轉
結束運轉,待馬達完全停止再繼續輸入
指定 duty 為:
```

學會了控制馬達轉速後,接著使用麥克風實際感受風速所造成的聲音頻率
變化。

⎍⎍ LAB11 監聽風扇頻率

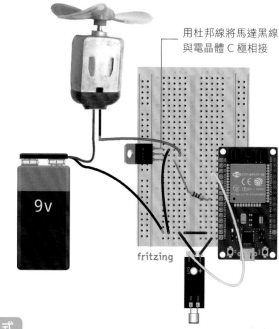

用杜邦線將馬達黑線
與電晶體 C 極相接

fritzing

實驗目的

觀察風速所造成的聲音頻率。

設計原理

指定 duty 值控制馬達造成風速，為了讓風速穩定，馬達運轉一秒後才使用
FFT 分析風速的聲音頻率，並且為了保證每次風速不受上一次影響，分析完
會給予 duty 值 0 持續 1 秒使馬達完全停止運作。

材料

● ESP32 控制板
● 直流馬達
● 風扇
● 麥克風模組
● 電晶體
● 電阻
● 杜邦線若干
● 電池扣
● 9V 電池

接線圖

與 Lab10 相同，僅多麥克風模組。

	組件接腳	與其他組件接腳	ESP32 腳位
麥克風模組	+	-	VIN
	GND (中間)	-	GND
	OUT	-	D34

設計程式

讀者可直接開啟 Lab 10 修改。

```
01: from machine import Pin
02: from flag_pwm import PWM
03: from flag_fft import FFT
04: import time
05:
06: while True:
07:     motor = PWM(Pin(25),duty=0)      # 建立運轉馬達的 PWM 物件
08:
09:     speed = int(input("指定 duty 為："))
10:
11:     print("開始運轉")
12:     motor.duty(speed)                # 運轉指定 duty 值的速度
13:     time.sleep(1)                    # 持續 1 秒
```

```
14:
15:      fft = FFT(64,4000,34)
16:      peak = fft.major_peak()        # 輸出整體主頻率
17:      print(peak)
18:
19:      motor.deinit()                 # 停止運轉馬達的 PWM 功能
20:      print("結束運轉，待馬達完全停止再繼續輸入")
```

程式解說

● 第 15 行～第 17 行：執行 FFT，輸出整體主頻率。

實測

按 F5 執行程式，互動環境會出現「指定 duty 為：」，將麥克風靠近風扇
（越近越好，減少環境聲音干擾），接著輸入欲指定的 duty，最後會顯示該風
速造成的聲音頻率：

```
>>> %Run -c $EDITOR_CONTENT
指定 duty 為：300
開始運轉
318.3458
結束運轉，待馬達完全停止再繼續輸入
指定 duty 為：
```

⚠ 指定相同的 duty 值不一定會得到相
同的頻率，會存在一些**誤差**。

〜〜〜

5-2 風聲祕密傳資料

〜〜〜

傳輸資料（或傳遞訊息）的方式包羅萬象，只要雙方協定即可傳輸資料，例
如：在對愛慕的對象傳紙條時，上面寫著 **1314520**，為什麼會解讀成**一生一
世我愛你**呢？這就是雙方對於這串數字所協定的意義。

傳輸資料不僅僅受限於口頭或是紙條等直接的方式，也可以與傳達對象達成
協議，間接地傳輸資料，例如接下來我們要藉由不同的風速影響聲音達到**秘
密傳輸資料**。

傳遞資料的內容可以用許多種方式表達，在此我們選擇將資料轉換為數字的
ASCII 碼，再交由風扇製造對應的風速。

ASCII 碼

由於電腦只懂數字，其實我們傳入看似文字的資料，在電腦中都是用對應的
數字代表，最常見的對應方式就是 ASCII 編碼，例如英文字 'a' 在 ASCII 碼是
十進位的 97，數字 'O' 是 48，空格 (Space) 是 32（完整 ASCII 碼對應表請
讀者自行上網查詢：https://zh.wikipedia.org/wiki/ASCII）。

在 Python 中可以很輕鬆的得到單一字元對應的 ASCII 碼，只要使用 ord( )
函式即可：

```
                 傳入的型別只能是字串 (str)
                              ↓
>>> ord('a')
97                           ← 轉換後的值型別為整數 (int)
>>> ord('1')
49
>>> ord('flag')   ← 一次只能傳入一個字元
Traceback (most recent call last):
  File "<stdin>", line 1, in <module>
TypeError: ord() expected a character, but string of length 4 found
```

-√- LAB12 | 風速傳訊器

實驗目的

將輸入的訊息隱藏在風扇轉速之中,再藉由 FFT 解開隱含在風聲內的訊息。

設計原理

首先以不同 duty 值代表數字 0 ~ 9:

數字	0	1	2	3	4	...	8	9
duty	400	450	500	550	600	...	800	850

接著監聽代表每個數字的風扇聲音頻率,我們稱之為**初始頻率**,並將其儲存,例如:

數字	0	1	2	3	4	...	8	9
duty	400	450	500	550	600	...	800	850
初始頻率	500	600	700	800	900	...	1300	1400

雖然每次運轉馬達都是固定的 duty 值,但實際上得到的聲音頻率不會完全相同,因此需要設定閾值增加判斷時的彈性,閾值定義為**相鄰頻率加總除 2**,最後一個數字 9 沒有下一個數字,因此直接將**數字 9 的頻率 + 100**,這些閾值將會是未來判斷數字的依據,如下所示:

數字	0	1	2	3	4	...	8	9
duty	400	450	500	550	600	...	800	850
初始頻率	500	600	700	800	900	...	1300	1400
閾值	550	650	750	850	950	...	1350	1500

如果風聲頻率為 580, 因為大於數字 0 的閾值 550 且小於數字 1 的閾值 650, 因此判斷為 1, 依此類推。

接著是傳遞訊息階段,我們會將訊息轉為 ASCII 碼 (1 = 49 , z = 122), 再依序運轉每個數字代表的速度,例如:輸入 z, 其 ASCII 碼為 122, 那麼馬達會先轉 1 的轉速,再來是 2, 最後是 2。

由於本套件僅有一塊開發板,所以程式是「自己發聲,自己判斷」,會在每次運轉完後直接判斷是哪一個數字,多組風速傳訊器接收程式碼未來將會在 FB 粉絲專頁「**旗標創客 · 自造者工作坊**」發布,若您有 2 套設備,就可以自行實作。

材料

同 Lab 11。

接線圖

同 Lab 11。

```
01: from machine import Pin
02: from flag_pwm import PWM
03: from flag_fft import FFT
04: import time
05:
06: def init():
07:     print("初始化開始")
08:     init_hz = []                    # 欲存放初始頻率的空串列
09:     motor = PWM(Pin(25),duty=0)     # 建立運轉馬達的 PWM 物件
10:     for i in range(10):             # 執行代表數字 '0'~'9' 的速度
11:         motor.duty(400 + 50*i)
12:         time.sleep(1)               # 穩定轉速
13:
14:         fft = FFT(64,4000,34)   # 採樣數 64、採樣頻率 4000、指定腳位 34
15:         peak = fft.major_peak()  # 判斷該數字對應速度的聲音頻率為何
16:
17:         print(peak)     # 將初始頻率顯示出來，判斷是否初始化成功
18:         init_hz.append(peak)    # 將初始頻率加入串列內
19:
20:         motor.duty(0)   # 暫停運轉
21:         time.sleep(1)   # 穩定停止
22:     motor.deinit()          # 停止運轉馬達的 PWM 功能
23:
24:     threshold = []          # 欲存放閾值的空串列
25:     for j in range(9):
26:         # 相鄰兩項相加的平均
27:         conti_ave = (init_hz[j] + init_hz[j+1]) / 2
28:         threshold.append(conti_ave)     # 加入閾值串列內
29:
30:     threshold.append(init_hz[9] + 100) # 數字 9 的頻率 + 100
31:     print("初始化結束")
32:     return threshold                    # 回傳閾值陣列
33:
34:
35: def run_judge(ascii_unm,threshold):   # 主程式中重複執行的部分
36:     motor = PWM(Pin(25),duty=0)
37:     motor.duty(400 + 50*ascii_unm) # ASCII 碼個別數字運轉
38:     time.sleep(1)           # 穩定轉速
39:     fft=FFT(64,4000,34) # 採樣數 64、採樣頻率 4000、指定腳位 34
40:     peak = fft.major_peak()    # 判斷該數字對應速度的聲音頻率為何
41:     motor.duty(0)           # 停止運轉
42:     motor.deinit()
43:     time.sleep(1)           # 穩定停止
44:
45:     for i in range(10):
46:         # 判斷落在哪一閾值內，對應之索引便是該數字
47:         if peak < threshold[i]:
48:             print(i, end ='')    # 將判斷的數字印出
49:             break               # 停止迴圈
50:
51: for i in range(3,0,-1): # 倒數三秒警示
52:     print(i)
53:     time.sleep(1)
54:
55: threshold = init()          # 取得閾值陣列
56:
57: while True:
58:     data = input("請輸入:")
59:     print("您的輸入為:" + data)
60:     for i in range(len(data)):
61:# ord 讓輸入轉為 ASCII 碼，型別為整數，為了能夠依序執行,因此再將其轉回字串
62:         ascii_num = str(ord(data[i]))
63:         # 轉為字串後才可以使用 len 函式來看長度
64:         for j in range(len(ascii_num)):
65:             # 轉回整數作為運轉馬達的引數
66:             run_judge(int(ascii_num[j]),threshold)
67:         print(end=' ')     # 字與字之間加入空格
68:     print()
```

程式解說

- 第 6 行 ~ 第 22 行：首先建立存放初始頻率的空串列，接著執行 10 次「馬達運轉代表數字的轉速」、「FFT 判斷聲音頻率」與「判斷頻率加入至初始頻率串列」。

- 第 18 行：將元素新增至串列。

新增元素至串列

此 Lab 中，會先創建空串列，再將元素依序儲存進串列中，新增元素至串列的方法為：

「串列名稱 .append(元素)」。

例如：

```
>>> example = []          ← 建立空串列
>>> example               ← 查看串列內元素
[]
>>> example.append(1)     ← 加入元素 1
>>> example
[1]                       ← 確認新增元素 1
>>> example.append(2)
>>> example
[1, 2]                    ← 確認新增元素 2
>>>
```

- 第 24 行 ~ 第 31 行：收集完初始頻率後，開始建立閾值串列，將數字 0 到 8 相鄰兩頻率相加除以 2 依序存入串列內，最後再新增數字 9 的頻率 + 100 表示其閾值。此函式會回傳閾值串列。

- 第 35 行 ~ 第 49 行：接收數字後讓馬達運轉對應的速度，分析該速度造成的聲音頻率，最後判斷為何數字再印出。

- 第 51 行 ~ 第 53 行：range() 函式起始值 3、終止值 0、間隔值 -1，因此 i 依序會是 3、2、1，再顯示於互動環境，達到警示效果。

- 第 55 行：執行 init() 函式取得閾值陣列。

- 第 57 行 ~ 第 68 行：

  變數 data 為輸入字元，型別為字串 (str)。第一個 for 迴圈的執行次數為輸入的字元數，例如輸入 "flag" 迴圈執行 4 次，將字元拆開逐一傳入。

  變數 ASCII_num 為轉換後的 ASCII 碼，由於 ord() 回傳的 ASCII 碼型別為整數 (int)，因此需要轉換為字串 (str) 才能夠使用 len(y) 知道是幾位數。知道該字元 ASCII 碼是幾位數後再將每個數字拆開傳入先前建立的 run_judge 函式。例如現在傳的是 "flag" 的第一個字元 'f'，ASCII 碼為 102，那麼會以 for 迴圈執行 3 次，分別將 1、0、2 傳入 run_judge 函式內。

  print(end=' ') 則是讓字母與字母之間加入空格以示區分。例如輸入 flag 出現的是：

字母跟字母中間留空格

102 108 97 103 ⟶ flag

print(end=' ')

最後的 print() 則是輸入值全部傳完後跳下一行，不讓接下來 input 的『請輸入』黏在後頭。

(X)	(O)
102 108 97 103 請輸入：	102 108 97 103
	請輸入：

接著出現的 10 個數字是初始化數字 0 ～ 9 的主頻率，若此 10 個值**順著越來越大**代表初始化成功，若像下圖那樣中間**不尋常升高（與前項相差甚大）或降低則失敗**，請重新初始化（ Ctrl + F2 ）。

實測

按 F5 執行程式，shell 會出現倒數提示，如右圖：

```
3
2
1
初始化開始
274.5514
347.6577
413.4789
478.5052
536.3918
610.9897
641.3749
693.0453
745.0501
791.0795
初始化結束
請輸入：
```

⚠ 每個人所操作的值不盡相同，會因為環境聲音影響或者是因電池電量不同造成轉速的不同，電量充足時馬達轉速較快，不足則較慢。

初始化成功後就可以輸入訊息使風扇轉動，麥克風負責接收聲音，分析並顯示判斷結果，如下圖：

```
請輸入：ab
您的輸入為：ab
97  98
```

此時務必將**風扇拿在手上**，並將麥克風對著風扇，越近越好，這樣才能確保聲音不受外界影響。

對扇葉處，愈近愈好

06

雷射傳訊器

使用風扇傳輸資料會因為馬達沒辦法快速切換狀態，以至於傳輸時間非常的久，一個字母的 ASCII 碼若是 3 個數字，每個數字都要耗費 2 秒暫停與運轉，就需要耗費 6 秒的時間，因此我們將教您改用切換速度十分迅速且穩定的雷射光來傳輸資料。

6-1　感受光線變化

人們使用燈光的目的不外乎照明、警示等，例如：手電筒、日光燈、紅綠燈，警示用途的燈光經常以閃爍的方式達到功效，目的是抓住目光提醒注意。其實每天使用的日光燈也在不停地閃爍，但我們從未注意到，因為人類能辨別光線閃爍頻率的臨界為 50 Hz，而日光燈閃爍頻率約 120 Hz，以至於我們認為它是恆定照亮著。

至今為止我們僅使用 FFT 處理聲音相關的信號，但其實**與頻率有關的信號**都可以轉換，而本章將控制「光」閃爍頻率達到更快速精確的資料傳輸，首先我們先認識能夠感受光明暗變化的光敏電阻模組。

📶 光敏電阻

至今為止的實驗都是分析麥克風接收的資料，那麼光線變化該由什麼接收呢？我們需要用一種會**因光線明暗而改變導電效應**的感測器**光敏電阻**，它的電阻值會與光線亮度成反比，光線越亮則電阻越小。

不過 ESP32 控制板並沒有偵測電阻值的能力，為了取得光敏電阻的偵測結果，我們將採用電壓分配規則來計算光敏電阻的電阻變化。

所謂電壓分配規則，是指同一串連電路上，各個元件消耗的電壓與其電阻成正比，假設有一個電路如下：

光敏電阻

若電阻 A 與電阻 B 的電阻值比例為 3:2, 那麼電阻 A 與電阻 B 消耗的電壓比例也會是 3:2, 所以供給 5V 電壓後, 電阻 A 會消耗 3V 電壓, 電阻 B 會消耗 2V 電壓, 這個稱為**分壓**, 若我們在電路的 C 點偵測電壓, 會獲得 2V 電壓值。

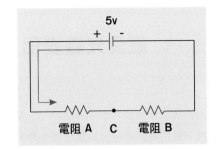

如果這個電路只有一個電阻呢？

那就是一人獨享啦！不論其電阻值大小, 這個電阻都會直接用掉整個 5V 電壓

因此只要將電阻 A 換成光敏電阻, 當我們測量通過光敏電阻壓降後的電壓時, 偵測到的電壓越大, 也就是光敏電阻的電阻越小 (消耗電壓越少), 便代表亮度越大。

LAB13　感受亮度變化

實驗目的

觀察亮度變化對光敏電阻的影響。

設計原理

讀取光敏電阻的 ADC 值。

材料

- ESP32 控制板
- 光敏電阻
- 電阻

接線圖

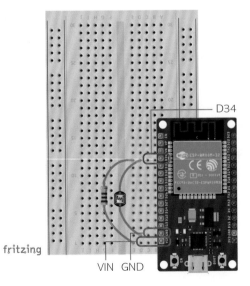

設計程式

同 Lab 06

實測

按一下 **F5** 執行程式，互動環境會顯示光敏電阻之 ADC 值。試著對光敏電阻遮光線，當遮住光線時，數值有明顯變高就表示成功，如右：

未遮光	遮光
361	945
361	949
359	956
359	957
358	961
357	963
356	962
356	958

6-2 用光線祕密傳資料

📶 雷射模組

學習如何感測光線後，接著要控制光線，在此控制的光線是由**雷射模組**所發出的紅光雷射，雷射模組的腳位與意義為：

雷射模組腳位	功能
S	電源 / 信號
-	接地

使用方法很簡單，只要將雷射模組接通就會發出紅光雷射，若要控制其閃爍只要不斷切換通電狀態即可，說到「不斷切換」是否覺得很熟悉呢？我們在第三章控制喇叭頻率是使用 PWM 調整 freq 值來不斷切換通電狀態讓喇叭發出想要的頻率，此處也是使用相同的方法讓雷射閃爍想要的頻率，duty 直接使用預設值 512 即可。

⎍ LAB14　雷射傳訊器

在 Lab 12「風速傳訊器」，風扇不斷改變轉速達到傳輸資料，一般人雖然不知道風扇在傳資料，但能注意到風扇有問題，而此實驗是以連肉眼都無法觀察到的變化完成真正的秘密傳輸，傳輸速度甚至比風扇快上數倍唷！

實驗目的

將輸入的訊息隱藏在雷射光之中，再藉由 FFT 解開隱含在雷射光裡的訊息。

設計原理

與 Lab 12 相同，會先收集代表 ASCII 碼 (0 ~ 126) 的初始頻率：

給定 ASCII 碼代表的頻率：

字元	···	0	1	···	y	z	···	~
ASCII 碼	···	48	49	···	121	122	···	126
給定頻率	···	480	490	···	1210	1220	···	1260

ASCII 碼 × 10

接下來如 Lab 12 設定閾值串列增加判斷時的彈性, 閾值定義為**相鄰頻率加總除 2**, 最後一個 ASCII 碼 126 沒有下一個數字, 因此直接將 **ASCII 碼 126 的頻率 + 100**。

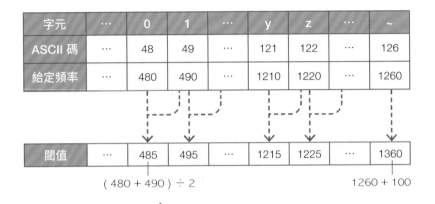

字元	…	0	1	…	y	z	…	~
ASCII 碼	…	48	49	…	121	122	…	126
給定頻率	…	480	490	…	1210	1220	…	1260
閾值	…	485	495	…	1215	1225	…	1360

(480 + 490) ÷ 2   1260 + 100

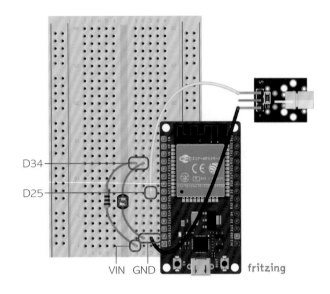

D34

D25

VIN GND fritzing

材料

- ESP32 控制板
- 雷射光模組
- 光敏電阻
- 電阻
- 杜邦線若干

接線圖

與 Lab 13 相同, 僅多雷射光模組。

設計程式

程式與 Lab 12 類似, 直接開啟 Lab 12 修改即可, 在此只針對不一樣的部分講解。

```
01: from machine import Pin
02: from flag_pwm import PWM
03: from flag_fft import FFT
04: import time
05:
06: def init():
07:     print("初始化開始")
08:     init_hz = []                #欲存放初始頻率的空串列
09:     laser = PWM(Pin(25),freq=0) #建立 pwm 物件
10:     for i in range(127):    # 執行代表 ASCII 碼 0 ~ 126 的頻率
11:         laser.freq(10*i)
12:         time.sleep(0.1)        #設定一點延遲時間,防止錯誤
```

```
13:
14:        fft = FFT(64,4000,34) #採樣數 64、採樣頻率 4000、指定腳位 34
15:        peak = fft.major_peak() #判斷該數字對應速度的聲音頻率
16:
17:        print(peak)      #將初始頻率顯示出來,判斷是否初始化成功
18:        init_hz.append(peak)      #將初始頻率加入串列內
19:     laser.deinit()
20:
21:     threshold = []                  # 欲存放閾值的空串列
22:     for j in range(126):
23:        loss = (init_hz[j] + init_hz[j+1]) / 2 #相鄰兩項相加的平均
24:        threshold.append(loss)
25:
26:     threshold.append(init_hz[126] + 100) # ASCII碼 126 初始頻率 +100
27:     print("初始化結束")
28:     return threshold
29:
30: def run_judge(ascii_unm,threshold): #主程式中重複執行的部分
31:     laser = PWM(Pin(25),freq=0)
32:     laser.freq(10*ascii_unm)          # 依 ASCII 碼數字運轉
33:     time.sleep(0.1)
34:     fft=FFT(64,4000,34) # 採樣數 64、採樣頻率 4000、指定腳位 34
35:     peak = fft.major_peak()   #判斷該數字對應速度的聲音頻率為何
36:     laser.deinit()
37:     for i in range(127):
38:        if peak < threshold[i]: #判斷落在哪一閾值內,對應之索引便是該數字
39:            print(i, end ='')      # 將判斷的數字印出
40:            break                  # 停止迴圈
41:
42: threshold = init()                    # 取得閾值陣列
43:
44: while True:
45:     data = input("請輸入:")
46:     print("您的輸入為:" + str(data))
47:     for i in range(len(data)):
48:#ord 讓輸入轉為 ASCII 碼,型別為 int,為了能夠依序執行,因此再將其轉回 str
49:        .  ascii_num = ord(data[i])     # 將輸入資料轉為 ASCII 碼
```

```
50:        run_judge(ascii_num,threshold) # 執行 run_judge() 函式
51:        print(end= ' ')                    # 字與字之間加入空格
52:     print()
```

● 第 10 行～第 12 行:給定代表 ASCII 碼 0 ～ 126 的頻率。

● 第 44 行～第 52 行:在此不將 ASCII 碼拆開傳入,而是全部一次傳入。

實測

按 F5 執行程式,雷射會開始不斷閃爍,請將雷射對準光敏電阻使初始化成功,直至『初始化結束』時的數字都**穩定上升**就表示初始化成功。

```
1222.078
1228.758
1237.368
1251.248
1260.116
1267.141
初始化結束
```

⚠ 此實驗不會倒數 3、2、1,按 F5 便直接開始初始化。

⚠ 雷射光指向的範圍集中,因此要讓紅光對準光敏電阻,否則容易失敗。

接著輸入您想傳送的訊息,將雷射對著光敏電阻才會順利判斷出您輸入的訊息,若判斷出現問題可能是初始化失敗,請讀者重新執行程式,輸入 flag 顯示的結果如右:

```
請輸入:flag
您的輸入為:flag
102 108 97 105
```

⚠ 雷射模組的雷射光束方向一定要避免照射到眼睛,雖沒有立即性的傷害,但絕對不可以持續照射眼睛,恐造成不可預期的傷害,切勿讓兒童在沒有家長陪伴下使用

07

黑科技原理

– 快速傅立葉轉換

我們已經用 FFT 做過許多實驗，想必大家對它的用法已得心應手，只要一行程式，就可以分析頻率，但實際上它的背後卻是令人頭疼的數學理論，但請放下對數學的抗拒與戒心，本章不會深入數學推導或龐大的計算，而是說明原理及概念讓您理解傅立葉轉換，現在就來認識它吧！

傅立葉轉換誕生

在 19 世紀初，法國數學家喬瑟夫·傅立葉為了解出熱力學的數學問題，提出了可以將任何函數展開為三角級數的方法 - **傅立葉級數 (Fourier series)**。自傅立葉級數起，衍生出了許多相關訊號分析的傅立葉轉換方法，在電腦中廣泛使用的是**離散傅立葉轉換** (Discrete Fourier Transform, **DFT**)。

約瑟夫·傅立葉
(1768 – 1830)

熱力學

概略的說熱力學是研究熱能在物體間的變化與過程的一門學科，例如一塊鐵板放入高溫下，鐵板溫度會逐漸提升，那麼舉凡與溫度、熱能等相關的問題，即是熱力學研究的範疇之一。

FFT 誕生

1960 年代美蘇冷戰期間，美國為了了解蘇聯核子試驗的進展，礙於無法進入蘇聯的地盤監看，因此以分析地震波來觀察敵營的核子試驗進度，但受限於當時的硬體設備以及當時使用的是傳統的 DFT，短短幾秒鐘的資料卻要花數小時至數天分析，因此科學家著手開發提升效能的演算法，在 1965 年基於傅立葉轉換 (DFT) 的快速演算法 – 快速傅立葉轉換 (FFT) 正式誕生。

DFT 與 FFT 速度究竟差多少呢？若採樣數為 128 筆， DFT 需要運算 16384 次，而 FFT 只要 448 次，相差了 36 倍之多；採樣數為 2048 筆時，兩者運算次數相差更高達 22528 倍，當採樣數愈多，DFT 與 FFT 運算量的差距愈加顯著。

FFT 的運用極其廣泛，無論視訊編碼、醫學影像、衛星天氣圖…等，生活中會使用到的科技產物都有其蹤跡，因此 FFT 還被 IEEE 科學與工程計算期刊列入 20 世紀十大演算法。

7-2 解析 FFT

只需要一行就可以分析頻率的程式碼究竟做了什麼事呢？

```
FFT(64,4000,36)
```

我們只需要給定採樣數、採樣頻率、採樣腳位就可以得到代表各個頻率的強度，但對於內部的操作卻渾然不知，接下來將一步步的說明此行程式背後的運作流程，其中複雜數學式將不會細說：

╷╷╷ 採樣

要使用 FFT，首先要設定採樣數與採樣頻率，收集當前感測器所偵測到的環境資訊，下圖為當前環境聲波：

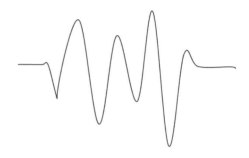

採樣數為收集資料的數目，因 FFT 演算法計算需求，採樣數需為 2 的次方，假設採樣數設定為 16：

採樣頻率表示每隔多久時間收集一次資料，基於採樣定理，採樣頻率需為所欲分析出的最高頻率的兩倍，因此想分析出的最高頻頻率為 1000 時，採樣頻率至少要設定為 2000。

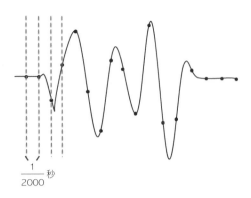

$\frac{1}{2000}$ 秒

採樣頻率之所以要是有效分析出最高頻率的兩倍，目的是為了防止混疊，概要就是「防止取樣點交疊一起使訊號失真」，也就是高頻（藍線）被取樣後看起來就像低頻（黑虛線）一樣：

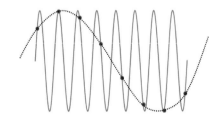

提高採樣頻率至欲分析的最高頻率至少兩倍（也就是每個周期至少取樣 2 次）就能減少訊號失真，得到更逼近原始的波：

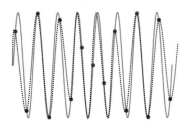

ᵢᵢᵢ FFT 演算法

FFT 會將波的成分取出，全部取出後就能夠觀察組成成分的占比。假設現在採樣取得一個波，命名為 **A 波**，並列出代表單一頻率的波，命名為**簡單波**。

A 波就像是混雜著不同物質的**沙子 (有花崗岩，也有石灰岩等)**，簡單波則是篩出不同物質成分的**篩子**，篩子有許多個，每個篩子都可以取出各種不同物質的成分，例如沙子中含有多少量的花崗岩、石灰岩…等，這些過濾出物質的**量**，就是我們得到的**強度**。

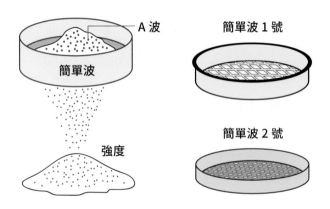

有了初步概念後，接下來將一步步的理解究竟 FFT 是如何分析波的成分，首先觀察 A 波與簡單波，你能猜出 A 波是從哪些簡單波合成的嗎（提示：不只一個）？

A 波

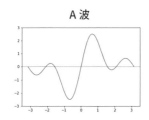

簡單波 1 號　　簡單波 2 號　　簡單波 3 號

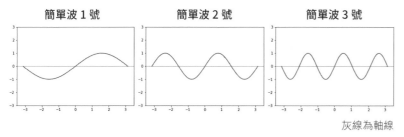

灰線為軸線

還看不出來嗎？那我們將它們重疊看看（提示：觀察波與軸線關係）：

A 波 + 簡單波 1 號　　A 波 + 簡單波 2 號　　A 波 + 簡單波 3 號

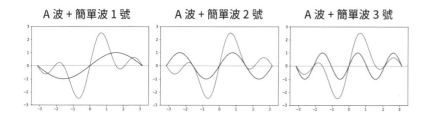

答案是全部都有！你猜對了嗎？

我們觀察重疊後的圖，A 波位於軸線上方的片段，簡單波也大部分位於上方，反之亦然，並且 A 波下凹，簡單波大部分也往下凹。

如果還看不出來，那麼我們搬出對照組簡單波 4 號，此簡單波並未參與 A 波的合成：

A 波 + 簡單波 4 號

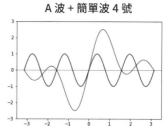

當 A 波在軸線上方時，簡單波 4 號卻不一定在上方，A 波在軸線下方時，簡單波 4 號也不見得在下方，就如同我行我素的走自己的路。

軸線上方表示大於 0, 軸線下方表示小於 0
↓

在 A 波與組成它的簡單波重疊後，可以看到 A 波在軸線上方時，簡單波在上方，A 波在下方時，簡單波也在下方，觀察看看，如果現在將 A 波與簡單波 1 號相乘會發生什麼事呢？

A 波 + 簡單波 1 號　　　　兩波相乘

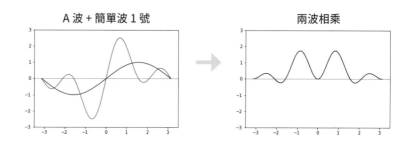

同時在軸線上方的位置依然在軸線上方，同時在軸線下方的位置，卻因負負得正，也跑到上方了！可以看出相乘後的圖形大部分都落在軸線上方！A 波與簡單波 2 號、3 號相乘也是如此：

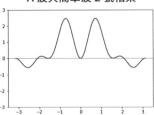

A 波與簡單波 2 號相乘

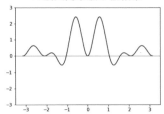

A 波與簡單波 3 號相乘

那如果將 A 波與簡單波 4 號相乘會發生什麼事呢？

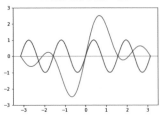

A 波與簡單波 4 號

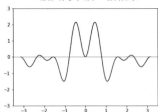

A 波與簡單波 4 號相乘

A 波與簡單波 4 號相乘後接近對稱，上下相抵（正負相消）。

將 A 波與簡單波相乘，就是篩出 A 波成分的方法，相乘的意義就如同將 A 波中的簡單波成分**放大**，假設簡單波在 A 波中佔的成分多，那麼相乘後經簡單波後放大成分的圖形多數會落於軸線上方。

我們經由 FFT 後得到的是強度值，而不是長得如此美麗的波，那麼強度值究竟是從何而來呢？只要將相乘後圖形與 A 波採樣的相對位置**加總**，就能得到強度值，單看這句不好懂，直接帶數字給您看：

假設對 A 波採樣數是 4，那麼他也會對應簡單波與經過放大後圖形的 4 個點，我們最後的強度值即是放大成分上對應 4 個點的加總：

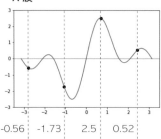

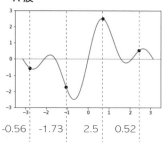

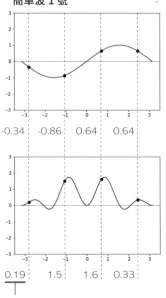

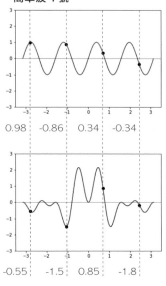

對應的點相乘：
-0.56 × -0.34 = 0.19

強度 **3.6**	強度 **-1.38**
(0.19 + 1.5+ 1.6+ 0.33)	(-0.55 - 1.5 + 0.85 - 1.8)

以此概念，當成分若佔的多，圖形落於軸線上方就越多，強度相對也愈大，反之則愈小，執行 FFT 後得到全部的強度值，經由比較就能得到主頻率。

理解簡單波將強度篩選出來的概念後，那麼該使用幾個簡單波將 A 波的成分篩出來呢？篩出後的強度意義又是什麼呢？其實它們的意義早在定義採樣數與採樣頻率時就已經決定好了！先針對這兩個問題回答，我們再舉例讓您理解：

Q 該使用幾個簡單波將 A 波的成分篩出來呢？

A 使用**採樣數 ÷ 2** 個簡單波。

例：假設採樣數 64 那麼採樣資料（也就是 A 波），會使用 32 個簡單波篩其成分。

Q 強度意義是什麼呢？

A 簡單波篩選出的強度為（採樣頻率 ÷ 2）× $\dfrac{簡單波編號}{簡單波總數}$

例：假設採樣數 64、採樣頻率 3000，簡單波 1 號篩出的強度值就是 46.8Hz（(3000 ÷ 2) × $\dfrac{1}{32}$）的強度，簡單波 2 號篩出的強度值則是 93.6Hz（(3000 ÷ 2) × $\dfrac{2}{32}$）的強度…依此類推，那麼回傳強度串列第一項即是採樣資料與簡單波 1 號相乘後所得到 46.8Hz 波的強度值。

⚠ 以上是 P.38 頁所設定的條件，讀者可以自行翻閱複習，理解 FFT 的概念後再回顧一次第四章您可能會感慨：喔！原來當時是這樣辦到的！

📶 輸出最強頻率

若將 FFT 轉換後得到代表特定頻率的強度繪畫出來，就是我們平常所看到的頻譜，藉由頻譜可以觀察哪個頻率強度最強，但實際上真正的主頻率是落在強度最強的頻率附近，假設經由 FFT 分析後得到 8 個強度值，分別代表頻率 100Hz、200Hz、…、800Hz：

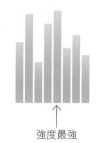

↑
強度最強

由頻譜中可見 500 Hz 最強，但真正的主頻率不一定是 500Hz，而是落在 500 Hz 附近，需要使用 500 Hz 與左右兩側的頻率強度換算得到準確頻率，此方法稱為**差頻** (beat frequency)。

在使用 FFT 時，採樣數與採樣頻率設定的越高就能夠越趨近於原始訊號，分析的也就越準確。雖然採樣數設定更高能更精準，相對的會耗費更多的時間，礙於控制板計算速度，因此本套件中選擇折衷辦法，在不影響分析結果又能保證計算速度的情況下選擇採樣數 64。

採樣頻率的設定則是把雙面刃，當設定高時，能分析高頻成分，若高頻成分高，輸出主頻率時可能是高頻，而不是我們所需要使用的，例如電話按鍵聲最高頻率為 1477，那麼採樣頻率只須設定到 3000 即可，設定太高則有可能因高頻強度過強，以至於分析結果主頻率為高頻，進而影響判斷準確度。總的來說，當採樣數不變，採樣頻率設太高，易得到冗餘訊號，採樣頻率設太低，則會失去高頻訊號。

記得到旗標創客·
自造者工作坊
粉絲專頁按『讚』

1. 建議您到「旗標創客·自造者工作坊」粉絲專頁按讚,
   有關旗標創客最新商品訊息、展示影片、旗標創客展
   覽活動或課程等相關資訊, 都會在該粉絲專頁刊登一手
   消息。

2. 對於產品本身硬體組裝、實驗手冊內容、實驗程序、或
   是範例檔案下載等相關內容有不清楚的地方, 都可以到
   粉絲專頁留下訊息, 會有專業工程師為您服務。

3. 如果您沒有使用臉書, 也可以到旗標網站 (www.flag.com.
   tw), 點選 聯絡我們 後, 利用客服諮詢 mail 留下聯絡資
   料, 並註明產品名稱、頁次及問題內容等資料, 即會轉由
   專業工程師處理。

4. 有關旗標創客產品或是其他出版品, 也歡迎到旗標購物網
   (www.flag.tw/shop) 直接選購, 不用出門也能長知識喔!

5. 大量訂購請洽

   學生團體   訂購專線:(02)2396-3257 轉 362
               傳真專線:(02)2321-2545

   經銷商   服務專線:(02)2396-3257 轉 331
               將派專人拜訪
               傳真專線:(02)2321-2545

國家圖書館出版品預行編目資料

Python 黑科技 - 電話按鍵竊聽器、雷射 / 風速傳訊器
/ 施威銘研究室著. 初版.
臺北市:旗標, 2020.08   面;   公分

ISBN 978-986-312-643-0 (平裝)

1.數學 2.通俗作品

310   109011277

作 者/施威銘研究室

發 行 所/旗標科技股份有限公司

         台北市杭州南路一段15-1號19樓

電   話/(02)2396-3257(代表號)

傳   真/(02)2321-2545

劃撥帳號/1332727-9

帳   戶/旗標科技股份有限公司

監   督/黃昕暐

執行企劃/黃昕暐

執行編輯/朱立翔

美術編輯/吳語涵

封面設計/薛詩盈

校   對/黃昕暐·朱立翔

行政院新聞局核准登記-局版台業字第 4512 號

ISBN 978-986-312-643-0